붓다 마음의 뇌과학 시리즈 ❷

의근과 의식

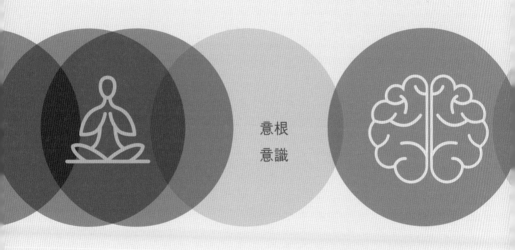

意根
意識

문일수 지음

意根과 意識

02 　意識

제1장
인식의 다양한 수준

제2장
의식의 신경근거

프롤로그

붓다의 마음을 공부하는 이유는 괴로움의 원인을 이해하고 괴로움에서 벗어나 평온한 마음을 갖기 위해서이다. 붓다는 그것을 깨달아 '깨달은 자[붓다]'가 되었기 때문이다. 삶은 즐거움과 괴로움 그리고 긴 무덤덤함의 연속이다. 대부분의 경우 즐거움은 자주 오지 않고 그것도 잠깐이다. 하지만 괴로움은 자주 오지는 않는다고 하더라도 한 번 오면 대개 길게 지속된다. 문제는 즐거움은 우리가 스스로 힘겹게 만들지만 괴로움은 원하지 않는데도 찾아온다는 것이다.

1. 三毒 : 貪(탐, 욕심)·瞋(진, 화)·痴(치, 어리석음)

왜 괴로움은 스스로 찾아올까? 우리의 뇌가 본질적으로 그렇게 만들어져 있기 때문이다. 그것은 뇌과학적 사실이다. 이 사실을 그 옛날에 붓다가 알았을 리 없다. 붓다 당시대의 사람들 가운데 뇌의 기능을 아는 사람은 없었다. 지금부터 2500여 년 전의 일이다. 마음이 어디에서 오는지도 모르던 때였다. 붓다도 뇌에 대하여 특별히 교설하지 않았다. 그런데 붓다가 통찰한 괴로움의 원인과 해결책은 철저하게 뇌과학적 사실이다. 이 책을 집필하게 된 이유이다.

'세상이 그렇게 되기를 원하는 것'과 '실제로 세상에 일어나는 것'의 차이가 나의 괴로움을 만드는 근원이다. 살아있는 한 괴로움의 근원을 피할 수 없다. 세상은 내가 원하는 대로 되지 않기 때문이다. '그렇게 되기를 원하는 것'은 나의 욕심이며 망상이다. 이는 결국 나의 잘못된 '자아'이며 오염된 '마음'이다. 절대로 세상은 오염된 마음이 원하는 대로 되지 않는다. 여기에서 괴로움은 시작된다. 깨달은 자 '붓다'가 되기전 고타마 싯다르타 왕자는 여기에 모든 문제가 있다고 파악했다. 원함은 탐(貪, 욕심, craving or greed) · 진(瞋, 화, anger or hatred) · 치(痴, 어리석음, ignorance or illusion)를 낳는다. 고타마는 이것이 괴로움을 불러일으키는 삼독(三毒)임을 깨닫고 이를 없애고 평정한 마음을 얻어 붓다가 되었다. 이것은 모두 마음의 문제다. 마음을 잘 다스리면 괴로움이 사라질 것이다. 뇌가 마음을 만든다. 뇌에 三毒을 만드는 구조가 심어져 있다.

우리가 어떤 대상을 만났을 때 그것이 무엇인지 알고, 느끼고, 그에 따라 일어나는 욕구에 의해서 마음이 만들어진다. 나의 마음이 생성되는 과정을 내가 알아차리면 어떤 결과가 일어날까? 일어나고 있는 마음을 알아차리지 못하면 마음이 이끄는 대로 우리의 행동이 따라간다. 그 끄달림의 결과는 대체로 괴로움이다. 반면에 일어나는 마음을 알아차리면 우리는 마음을 다스릴 수 있다. 내게 지금 욕심이 일어나고 있다는 것을 알아차려도 욕심이 채워지지 않아 괴로울까? 일어나는 화를 알아차려도 버럭 화를 낼까? 망상에 빠진 것을 알아차려도 망상의 어리석음을 저지를까?

괴로움과 행복함은 마음의 문제이다. '나'라는 존재는 거의 전적으로 나의 몸과 마음의 합이다. '몸'이 인식대상에 반응하여 '마음'을 만든다. 그것이 나의 전부이다. 고타마는 그렇게 통찰하고 '깨달은 자' 붓다가 되었다. '나'는 인식대상을 만나면 나의 몸(색)에 일어나는 느낌(수)과, 그것에 대한 떠오르는 기억지식(상)과, 일어나는 의도(행)와 궁극적으로 생성되는 마음(식)이 합해진 것일 뿐이라는 것이다. '나'는 이 다섯 가지 무더기(오온)이다.

탐욕(貪, 욕심)과 분노(瞋, 화)는 우리의 먼 조상들이 그 옛날 야수의 세계에서 살아남는 데 필수적으로 필요했다. 우리의 조상들이 그러했고 살아남은 모든 동물들이 그러했다. 그 본능의 '파충류뇌(reptilian brain)'가 우리의 뇌간(뇌줄기 brain stem)으로 남아 있다. 이 다스리기 힘든 고집불통의, 반이성적인 '화와 욕심'의 뇌는 현대를 사는 우리에게 가장 큰 짐이 되었다.

어리석음(痴, 무지)은 잘못된 자아(나임, 'I'-ness)에서 온다. 집단을 이루고 살게 되면서 '나임('I'-ness)'에 대한 개념이 점점 더 발달했다. 사회가 복잡해지고 이해타산과 인간관계가 복잡해지면서 나의 자아는 더욱 성장했다. 필요 없는, '쓸데없는' 공상·망상을 많이 한다. '나임'은 이 사회에서 나의 존재가치를 드높이기도 하지만 어리석음의 근원이 되기도 한다. 붓다는 어리석음(痴, 무지, 무명)이 괴로움의 원천이라고 간파했다. 이 자아·공상·망상의 어리석음을 불러일으키는 뇌가 대뇌에 있다. 기본모드신경망(default mode network, DMN)이다.

2. 전전두엽 : 계정혜(戒·定·慧)

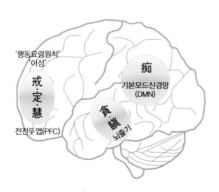

하지만 우리 인간은 괴로움의 뇌에 지배당하며 살지만은 않는다.

언젠가 진화는 호모 사피엔스(Homo sapiens)에게 전전두엽(prefromtal cortex, PFC)을 선사했다. 역으로 전전두엽을 선사 받았기 때문에 Homo sapiens가 되었는지도 모른다. 하여간 전전두엽 덕분에 우리는 내가 하는 일이 나는 물론 상대방에 끼칠 선악을 예견하는 능력을 부여받았다. 전전두엽에 있는 이 '행동요령원칙(behavior-guiding principles)'에 충실하면 괴로움에서 벗어날 수 있다. '행동요령원칙'은 불교에서 가르치는 삼학[三學; 계정혜(戒·定·慧)]일 것이다. 戒·定·慧는 계율(戒律)·선정(禪定)·지혜(智慧)의 약칭이다. 욕심이 나서 탐하는 마음[貪]은 계율(戒律)로 다스려야 한다. 끓어오르는 분노의 마음[瞋]에서 벗어나 평온한 선정(禪定)을 유지하여야 한다. 미혹에 빠진 어리석은 마음[痴]을 제거하고 진리의 마음 즉 지혜(智慧)를 얻어야 한다. 戒·定·慧 三學을 실천하면 貪·瞋·痴 三毒을 마시지 않는다.

戒·定·慧 三學을 어떻게 실천할까? 지식적으로 알고 있다 하더라도 그렇게 실천하며 살기는 쉽지 않다. 필자의 할아버지는 매일 새벽 들(논밭)에 나가기 전에 명심보감(明心寶鑑)을 낭독(朗讀)하셨다. 당시 필자는 어려서 무슨 뜻인지 몰랐지만, 선인들의 보배로운 말과 글을 숙독하여 인격을 수양하고 인생의 잠언으로 삼으셨을 것이다. 매일 일과를 시작하기 전에 명심보감을 읽음으로써 마음을 챙기셨다. 불교에서는 마음을 챙겨 三學을 실천하는 방법으로 자신의 마음을 '알아차림(마음챙김 mindfulness)' 하라고 한다. 'mindful'은 마음(mind)의 형용사로써 마음에 관심을 두는, 마음에 두는, 마음에 신경을 쓰는, 염두에 두는, 주의 깊은 등의 의미이다. 명사인 'mindfulness'는 '일어나는 마음을 주의 깊게 관찰함'의 뜻으로 '알아차림'이며 '마음챙김'으로 더 잘 알려져 있다. 초기불경의 언어인 빨리어로는 싸띠(sati)라 한다.

고타마는 일어나는 마음을 '마음챙김'하여 깨달은 자 붓다가 되었고, 육신이 죽을 때까지 탐욕, 증오, 망상에서 뿌리내린 모든 상태가 청정해진 심신으로 살았다. 이 불길은 '꺼졌으며', '소멸되었고', '그 연료들은 제거되었다.[1]

붓다와 같은 마음을 얻고자 하는 것이 우리가 붓다의 마음을 공부하는 이유이다. 마음이 어떻게 생성되는지를 알면 마음을 잘 이해하고 챙길 수 있다. 이는 곧 괴로움에서 벗어나는 길이다. 온전히 벗어나지는 못할지라도 마음을 챙기려 노력하면 보다 평온한 삶을 누릴 수 있다. 아직은 시작 단계에 불과하지만, 현대 뇌과학은 뇌를 열어 마음을 들여다보게 했다. 마음이 일어나는 과정을 보다 자세히 알면 그만큼 마음챙김에 도움이 된다.

---

1) 붓다 마인드, 욕망과 분노의 불교심리학. 엔드류 오랜츠키 지음. 박재용·강경화 옮김. 2018년 올리브그린. p217.

3. 불교의 마음과 뇌과학

결국 대상을 보는 인식이 문제다. 인식은 마음을 만들기 때문이다. 마음은 대상을 만나서 일어나는 뇌의 작용이다. 따라서 마음은 뇌과학의 영역이며 뇌과학적으로 불교를 공부하면 붓다의 마음을 보다 더 실감 나게 이해할 수 있다. 이 책의 저술목적이 여기에 있다. 불교는 '마음학문'이다. 마음은 뇌과학의 영역이기에 불교는 마음을 분석하는 '마음신경과학(mind neuroscience)' 혹은 '마음뇌과학(mind brain science)이다. 인지 측면에서 보면 마음뇌과학은 인지뇌과학(cognitive neuroscience)이다. 붓다는 마음을 조작하는 방법까지 간파했다. 어떻게 하면 괴로운 마음에서 깨어나 평온한 마음으로 가는지를 알려주었다. 그것은 '마음공학(mind engineering)'이다.

인지된 대상이 뇌에서 어떤 과정을 거쳐 마음이 일어나는지에 대한 뇌과학적 연구는 이제 막 시작되었다고 해도 과언이 아니다. 뇌가 어떻게 생겼는지 어떻게 작동하는지 이제 겨우 조금씩 알려지기 시작했다. 뇌의 활동을 볼 수 있는 기계장치가 이제 개발되었기 때문이다. 하지만 그 성능이 아직 보잘것없어 뇌의 미세한 기능영역까지 밝혀내지는 못하고 있다. 뇌는 아직 안개 속에 갇힌 신비의 대상이다.

불교에서는 붓다로부터 시작해서 마음을 깊고도 깊게 분석해 놓았다. '이론 인지뇌과학'이다. 현대 뇌과학은 실험을 바탕으로 한다. 과학적으로 증명하려면 분석할 수 있는 도구가 있어야 한다. 현재 뇌의 활동을 볼 수 있는 가장 정밀한 기계는 기능적 자기공명영상(functional magnetic resonance imaging, fRMI) 장비이다. 하지만 이마저도 뇌의 기능을 세세하게 관찰하기에는 터무니없이 조악하다. 인공위성에서 성능이 좋지 못한 망원경으로 지구를 관찰하는 수준에 비유될 수 있다. 부파불교(部派佛敎) 및 유식불교(唯識佛敎)에서 설명하는 난해한 마음의 구조를 뇌과학 실험기법으로 설명하기는 현재의 장비로는 불가능하다. 아마도 요원할 것이다. 하지만 초기불교(初期佛敎)에서 가르치는 '붓다의 마음'은 뇌과학적으로 설명할 수 있는 부분이 있다. 물론 '소 풀 뜯어 먹는' 수준으로 '여기 찔끔 저기 찔끔' 이해하는 수준이지만 붓다의 마음을 현대 뇌과학 관점의 마음과 연결해 보는 과정은 필자를 흥분시키기에 충분했다. '실험 하나 하지 않고 어떻게 이런 뇌과학적 진리를 간파했을까'하는 경이로움에서다.

붓다의 가르침을 그냥 받아들이고 믿으며 수행하는 것도 좋다. 하지만 그 가르침이 뇌과학적으로 설명되는 합리적 진실이라는 사실을 알면 믿음이 훨씬 확실하고 수행에 믿음이 갈 것이다. 따라서 이 책은 불자는 물론 모든 사람이 마음을 이해하고 다스려 평정한 심성을 유지하는 데 도움이 되리라 확신한다.

4. 이 책의 범주와 깊이

이 책은 초기불교에서 가르치는 마음, 그것도 五蘊과 六識에 한정했다. 다만 여섯 번째 식[육식]의 경우 의근, 의식, 인식과정에 대한 내용은 부파불교 논서(論書)의 내용을 많이 참고로 했다. 부처님의 직접 가르침인 경장(經藏)에는 거의 언급되지 않은 부분이기 때문이다.

그리고 이 책은 종교서적이 아니라 과학교양서적으로써 종교적 요소는 배제했다. 필자는 불교의 교리에 깊은 조예(造詣)가 없다. 불교의 가르침에 관심이 많은 뇌과학자일 따름이다. 따라서 혹시 종교적 교리와 상반되는 부분이 있다면 그것은 온전히 필자의 모자람이며, 이 책의 효용성은 거기까지임을 이해해주기를 바란다. 그리고 이 책은 온전히 과학적 측면에서 서술한 것임을 다시 강조한다.

마음은 뇌의 작용에서 발생하는 것이기 때문에 뇌의 구조와 신경세포의 작동원리에 대한 이해는 이 책을 읽는데 필수적인 지식이다. 하지만 이에 대한 지식은 일반인에게는 어려운 부분이다. 따라서 뇌의 구조와 작동방식에 대한 최소한의 지식만으로 이 책을 읽어나갈 수 있도록 노력했다. 심도 있게 이해하려면 전문지식이 필요하기 때문에 이런 부분은 Box로 처리했다. Box의 내용은 뇌과학을 전공하는 학도들에게도 생소하고 어려운 내용일 수 있다. 최근에 알려지기 시작한 뇌에 대한 지식을 학술논문에서 발췌한 것들이 많기 때문이다. 분명한 것은, 어려운 부분이지만 이들을 이해하면 마음을 훨씬 더 잘 알 수 있고 불교의 가르침을 보다 실감 나게 이해할 수 있다는 것이다.

[붓다 마음의 뇌과학(The Brain Science of Buddha's Mind) 시리즈는 3권으로 출간하였다.

　제1권 오온과 전오식
　제2권 의근과 의식
　제3권 마음을 만드는 뇌의 구조

　제1권은 '나'는 무엇이냐의 질문에 대한 붓다의 답인 오온과 오감에서 생기는 다섯 가지 식(전오식)에 대한 뇌과학적 해석이다.
　제2권은 의근과 의식을 다루었다. 의식은 법경을 의근이 포섭해서 만드는 마음이다. 의근과 의식에 대한 설명은 그 내용이 너무 방대하여 따로 분리하였다.
　제3권은 뇌의 구조에 대한 설명이다. 마음을 이해하기 위하여 뇌구조를 아는 것은 필수적이다. 하지만 뇌는 매우 복잡한 3차원적 구조로써 뇌의 모든 구조를 설명하는 것은 본 저술의 목적을 넘어선다. 뇌구조를 연구하는 학문을 신경해부학이라 한다. 이는 그 자체로 하나의 독립된 큰 학문이다. 그 방대한 내용을 모두 다룰 수는 없다. 여기서는 마음의 생성과 관련된 뇌구조들을 중심으로 설명하였다. 자칫 딱딱한 내용일 수 있기 때문에 해부학적 구조설명보다는 마음을 생성하는 기능적 측면을 강조하였다. 그런 맥락에서 마음의 진화를 이해하기 위하여 하등동물의 신경계통 및 뇌구조들도 포함하였다. 따라서 제3권은 제1, 2권을 읽는 데 필요하기는 하지만 부록 수준이 아니라 하나의 독립된 책으로 간주할 수 있다.

아무쪼록 이 졸저가 깨달음을 얻어 괴로움에서 벗어나 평정한 마음을 갖기를 원하는 분들에게 도움이 되기를 발원한다.

2020년 8월
경주시 석장동 동국의대 뇌신경과학 연구실에서
동헌(東軒) 文一秀

생각을 감각대상으로, 그 감각기관을 의근(意根)으로 설정한 것은 붓다의 위대한 통찰이다. 마음과 뇌의 상관관계도 잘 모르던 2,500여 년 전에 붓다가 창안하고 실천한 이론이다. 눈, 귀, 코 등의 전오근(前五根)은 눈으로 볼 수 있고, 그 감각대상 또한 분명하다. 하지만 前五根과 달리 意根은 보이지 않는다. 어떻게 보이지 아니하는 '생각을 감각하는 기관'인 의근이 있다고 설정하였을까. 의근이 무엇인지에 대하여 붓다는 구체적으로 설명하지 않았다. 너무 어려워서 일까. 붓다는 의근을 법경(생각)을 포섭하는 감각기관이며 전오식을 경험[통합]한다고 하였다. 후에 부파불교의 학승들은 의근의 정체에 대한 설명을 시도했다. [붓다의 마음 시리즈] 제2권에서는 여섯 번째 인식작용인 의근과 의식을 다룬다.

이 책의 전반부는 意根(意, mano)에 관한 것이다. 법경(생각)은 뇌 활성이기 때문에 의근은 뇌 안에서 일어나는 뇌활성을 감지하는 감각기 관이다. 법경이 의근에 감각되면 의식을 생성한다. 여기에서는 먼저 논 서에서 설명하는 意根에 대하여 살펴보고, 현대 신경과학적 측면에서 그것이 무엇인지 알아본다. 그 무엇은 의근의 신경상응(neural corre-lates of mano, NCM)으로, 인지조절신경망(cognitive control net-work, CCN)인 것으로 보인다. CNN이 뇌활성을 인지하는 신경망이기 때문이다. 이 부분에 대한 신경과학적 내용은 무척 어렵다. 아직 교과서 에도 나오지 않는 깊은 내용들이 대부분이다. 그리고 아직 누구도 불교 의 意根을 신경과학적으로 해석하려고 시도조차 하지 않았다. 저자가 아는 한 이 책이 최초의 시도이다. [붓다 마음의 신경과학 시리즈]의 정 수이다.

이 책의 후반부는 의식(意識, consciousness)을 다룬다. 의식의 신경 근거(neural correlate of consciousness, NCC)는 현대 뇌과학에서도 풀리지 않은 수수께끼이다. 현재도 뇌가 어떻게 意識을 생성하는지 모 른다. 추론만 있을 뿐이다. 意識의 신경근거에 대한 답은 분명 노벨상 감일 것이다. 그리고 의식의 반대쪽에 무의식이 있다. 무의식 상태에서 도 생명은 지속된다. 깊은 잠에 빠졌을 때와 같이 인식하고 있지 않을 때에도 생명은 지속된다. 이때의 마음을 바왕가(bhavaṅga, 存在持續 心, 有分心)라 한다. 상좌부불교(Theravada Buddhism)의 교리체계에서 설명하는 마음의 수동적 모드이다. 한편 인식은 일정한 과정(통로)을 17찰나에 거쳐서 일어난다고 한다. 17찰나설이다. 바왕가와 17찰나설의 신경과학적 근거에 대하여 알아본다.

의근의 설정은 마음도 물질적인 것으로 간주한 것이다. 따라서 붓다는 마음을 가공할 수 있는 대상으로 보았다. 그리고 가공하는 방법을 일러주었다. 수행을 통하여 깨달은 마음을 얻을 수 있는 길이다. 그 수행방법을 싸띠(알아차림 sati)수행이라 한다. 초기불교에서 설정한 마음의 구조와 싸띠수행의 신경과학적 근거에 대하여 알아본다.

의근과 의식에 대한 복잡한 뇌과학을 이해하지 않아도 깨달음에 이를 수 있다. 하지만 이러한 배경지식을 알고 수행을 하면 붓다의 가르침에 보다 큰 믿음이 간다. 붓다의 이론은 철저히 뇌과학에 근거하기 때문이다. 아무쪼록 이 책이 의근의 실체에 대한 궁금증을 해소하여 초기불교를 공부하는 학도들과 마음과 뇌에 관심이 있는 독자들에게 붓다의 마음을 이해하고 수행정진하는데 도움이 되기를 발원한다.

01
意根
意 | mano

제1장

의근意根, 意, mano 이란

　　前五根과 달리 意根은 보이지 않는다. 學僧들도 意根의 정체를 이해하고자 하는 고민의 흔적이 보인다. 意根은 뇌 안에서 일어나는 뇌활동(생각, 법경)을 감지하는 감각기관이 다. 意根은 마음과 뇌의 관계도 정확히 모르던 2,500여 년 전에 붓다가 창안한 이론이다.

　　법경은 의근에 감각되어 의식을 생성한다. 의근에 대하여 는 붓다도 구체적으로 설명하지 않았다. 단지 법경을 포섭하 는 감각기관이며 전오식을 경험[통합]한다고 하였다. 후에 부파불교의 논서에서는 의근의 정체에 대하여 설명하고 있 다. 본 장에서는 경장 및 논서에서 설명하는 意根에 대하여 살펴보고, 현대 신경과학적 측면에서 이와 관련이 깊은 신경 근거(neural correlate)에 대하여 알아본다.

1. 사왓띠의 아나타삔디까 원림(급고독원)에서

2. 그때 운나바 바라문이 세존께 다가갔다.
가서는 세존과 함께 환담을 나누었다. 유쾌하고 기억할 만한
이야기로 서로 담소를 하고서 한 곁에 앉았다.
한 곁에 앉은 운나바 바라문은 세존께 이렇게 여쭈었다.

3. "고따마 존자시여, 다섯 가지 감각기능은
각각 다른 대상과 각각 다른 영역을 가져서
서로 다른 대상과 영역을 경험하지 않습니다.
무엇이 다섯입니까?
눈의 감각기능, 귀의 감각기능, 코의 감각기능,
혀의 감각기능, 몸의 감각기능입니다.
고따마 존자시여, 이처럼 다섯 가지 감각기능은
각각 다른 대상과 각각 다른 영역을 가져서
서로 다른 대상과 영역을 경험하지 않습니다.
그렇다면 이들 다섯 가지 감각기능은 무엇을 의지합니까?
무엇이 그들의 대상과 영역을 경험합니까?"

4. "바리문이여, 다섯 가지 감각기능은
각각 다른 대상과 각각 다른 영역을 가져서

서로 다른 대상과 영역을 경험하지 않는다.

무엇이 다섯인가?

눈의 감각기능, 귀의 감각기능, 코의 감각기능,

혀의 감각기능, 몸의 감각기능이다.

바라문이여, 이처럼 다섯 가지 감각기능은

각각 다른 대상과 각각 다른 영역을 가져서

서로 다른 대상과 영역을 경험하지 않는다.

이들 다섯 가지 감각기능은 마노[意]를 의지한다.

마노[意]가 그들의 대상과 영역을 경험한다."

[상윳따 니까야]

운나바 바라문 경(Unnābhabrāhmana-sutta) (S48:42)[2)]

---

2) 운나바 바라문 경. 상윳따 니까야 제5권 '수행을 위주로 한 가르침', p. 585-586. 각묵스님 옮김. 초기불전연구원. 2009.

초기불교는 인간을 五蘊으로 마음은 육식(六識)으로 설명한다. 六識은 眼識·耳識·鼻識·舌識·身識·意識으로서 六根이 각각의 인식 대상인 色·聲·香·味·觸·法 六境을 받아들여 만들어지는 마음이다. 이 가운데 眼識·耳識·鼻識·舌識·身識을 前五識이라 하였는데 이는 前五根과 前五境(色·聲·香·味·觸)이라는 외부대상(外境)이 만나서 생성되는 의식이다. 이처럼 前五識과 前五根은 이해하기가 어렵지 않다.

意識은 法境을 인식하여 생성되며, 法境을 포섭하는 根은 意根이다. 훗날 유식불교에서는 意識을 前五識과 구별하여 第六識이라 했다. 法境은 前五境을 제외한 모든 것으로 추상적인 개념들이다. '1+1=2'라든가, '사랑' '아름다움' 등과 같은 개념적인 것들은 前五根으로 수용할 수 없는 대상이다.

그리고 前五根에 의하여 생성되는 前五識도 法境이 된다. 사과는 色境이지만 사과를 보고 '저기에 어떤 형체가 있다' 라는 안식이 생성되면, 이것에 의근이 다가가서 '저것은 사과다' 라는 의식이 생성된다. 耳識도 마찬가지이다. '소쩍새 소리' 라는 성경은 耳根에 의하여 '어떤 소리가 있다' 라는 이식이 생성되고, 이를 의근이 포섭하여 '저 소리는 소쩍새 소리이다' 라는 의식을 생성한다. 이처럼 전오식은 전오근에 의하여 뇌 속에 만들어진 뇌활성이며 이는 法境이 되어 意根의 인지대상이 된다. 법경은 뇌활성이기 때문이다. 이와같이 의근의 지각대상이 되는 법경은 전오근에 의하여 시작될 수도 있다. 전오근이 먼저 전오식을 만들고 이는 법경이 되어 의근에 포섭되어 의식이 된다는 것이다. 뇌 속에서 시작하는 것을 내인성(內因性, endogenous) 법경, 전오식과 같이 뇌 밖에서 시작하는 법경을 외인성(外因性, exogenous) 법경이라 할 수 있다. 이렇게 보면 意根의 대상은 '마음' 그 자체인데 마음은 뇌의 활성이기 때문에 의근은 뇌의 활성을 탐지하고 수용하는 감각기관이라 할 수 있다.

1. 의근을 감각기관으로 설정한 붓다의 통찰

일반적으로 우리는 오감, 즉 다섯 가지 감각만 생각한다. 하지만 붓다는 오감에 의식을 더하여 육식, 즉 여섯 가지 감각으로 이해하였다. 이는 매우 놀라운 통찰이다. 붓다는 意根이라는 감각기관을 하나 더 설정하고, 그 포섭대상은 법경 즉, 추상적인 생각들이며, 포섭의 결과로 의식이 생성된다는 것이다. 마음과 몸의 관계가 어떻게 설정되는지도 모르던 기원전 600년경의 일이다. 붓다가 법경이 뇌활성이라는 것까지 알았으며, 이를 실제로 감각하였을까? 신경세포는 물론 뇌의 기능도 알지 못하던 때였다. 그런 시절에 떠오르는 생각(법경)을 포섭하는 감각기관인 의근이 있고, 의근이 법경을 포섭하여 의식을 만든다고 간파했다.

붓다는 괴로움에서 벗어나기 위하여 법경과 의근의 관계에 집중하여 생각하였다. 이는 의식을 만들고 의식은 마음이기 때문이다. 한편 괴로움은 마음의 문제라고 파악하였기 때문에, 붓다는 마음을 다스리기 위해서는 떠오르는 마음(법경)을 알아차림(싸띠)하여 잘 관리하는 데에 그 길이 있다고 보았다. 마음을 만드는 의근(mano)을 다스려 떠오르는 마음을 잘 알아차림하면 인식대상을 있는 그대로 보는 깨달음[반야, 般若 빤냐(panna)]을 이룰 수 있다고 했다.

2. 법경은 뇌신경활성이며 의근은 이를 감지하는 대뇌의 특별한 신경회로이다.

감각(sensation)은 일반적으로 물질적 대상에 대한 내적 반응을 지칭한다. 빛, 소리, 냄새, 맛, 접촉은 모두 물질이기 때문이다. 그런데 法境은 '추상적'인 '개념'들이다. 사실은 법경도 물질적인 것이다. 추상적인 개념이 어떻게 물질일까? 이는 언뜻 이해하기 힘들다. 하지만 이제 독자들도 생각은 뇌활성임을 쉽게 이해할 것이다. 생각은 나의 뇌에서 일어나는 신경세포들의 활성(즉 활동전위들)이기 때문이다. 활동전위는 신경세포가 만드는 100 mV의 전기이며 이 전기가 신경회로를 따라 흐르는 것이 뇌활성이다. 신경세포가 활동전위를 일으키고 전달하는 과정은 온전히 단백질과 이온들의 작동에 의한다. 따라서 활동전위는 물질이다. '단백질과 이온들'이라는 물질의 움직임을 감지하고 수용하는 감각기관이 意根이다. 이와같이 법경도 물질이기 때문에 이를 감지하는 근이 있을 수 있다. 이것이 무엇일까?

결론부터 말하면 意根은 대뇌에 있는 특별한 신경회로이다. 이 신경회로는 뇌에서 일어나는 신경세포들의 활성을 감지한다. 뇌에는 수많은 신경회로가 동시다발적으로 활동하고 있다. 의근은 이 활성들 가운데 특별한 것을 선택하여 포섭한다. 한 순간에 한 가지씩. 어떤 신경활동이 특별할까? 어느 한 순간에도 수많은 뇌신경활성이 동시에 일어나고 있기 때문에 의근은 이 가운데 특이한 것을 선택하고 집중한다. 의근이 접근하여 포섭한 뇌신경활성은 활성이 강해져서 의식에 들어온다. 마음속에 들어온다는 뜻이다. 반대로 의근이 접근하지 아니하는 뇌신경활성은 무의식에 머문다. 본 장에서는 의근의 신경근거에 대하여 알아본다.

다음 Box 1.1에 法境이 뇌활성임을 설명한다.

Box 1-1) 법경과 뇌활성의 관계

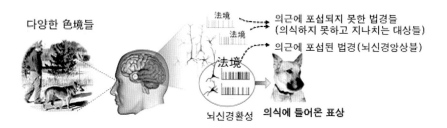

[안식의 뇌활성]

위 그림은 '할아버지가 개와 함께 산책하는 광경'을 보는 상황의 뇌활성을 나타냈다. 외부세계에 있는 할아버지, 개, 나무, 풀, 길, 집 등은 色境이다. 색경은 안근에 의하여 뇌의 신경활성(활동전위)으로 바뀌어 시신경을 타고 대뇌로 들어와 뇌신경세포의 활성을 불러일으킨다. 즉, 색경은 인식되는 과정에서 뇌에 들어오면 '뇌신경활성'이 된다. 뇌신경활성은 법경이며, 이는 의근의 포섭대상이 된다. 의근에 포섭된 뇌신경활성(법경)은 활성이 커져서 의식에 들어온다.

法境은 色聲香味觸이 아닌 개념적, 비물질적인 것이다. '아름다움' '슬픔' '단어의 의미' '2+3=4? 5?' 등은 실체가 없고 단지 생각의 영역에 있다. 생각은 뇌신경세포의 활성이다. 즉, 법경은 뇌의 어딘가에서 일어나는 신경세포의 활성이다. 그 '어디'는 법경의 종류, 즉 생각의 종류에 따라 뇌의 다른 장소이다. 비물질적인 대상, 즉 추상적인 개념들에 대한 생각은 뇌 자체에서 일어난다. 하지만 前五境(色聲香味觸)에 의하여 생성되는 前五識(眼識·耳識·鼻識·舌識·身識)도 뇌의 활성이기 때문에 이들도 法境이 되어 다시 意根의 포섭대상이 된다. 前五境이 만드는 뇌활성이 意根에 포섭되면 의식이 된다. 前五識은 의식에 들어오기 전 뇌에 생성되는 '의미가 부여되지 않은 뇌활성'일 따름이다. 예로서, 위 그림의 경우 개에 대한 안식이 먼저 뇌에 만들어지고, 안식을 의근이 포섭하면 '내가 개를 보고 있다'라는 의식이 생긴다. 안식단계에는 그저 개에 해당하는 뇌활성이 뇌에 생겼을 뿐이다. 그것은 전오식인 안식이다. 보고, 듣고, 냄새 맡고, 맛보고, 촉감을 느끼고 하는 것은 의식에 들어온 것이고, 의식적인 것은 의근에 포섭되었음을 의미한다.

Box 1-2) 제6감(식스센스 sixth sense)과 의근에 대한 단상

시각, 청각, 촉각, 후각, 미각이라는 5가지 감각은 누구나 쉽게 경험한다. 그런데, 소위 식스센스(육감 sixth sense)는 어떤가? '나는 육감적으로 그녀와 사랑에 빠지게 될 것으로 느꼈다' 혹은 '나는 육감적으로 그 차는 사고를 낼 것 같은 느낌을 가졌다' 등의 감이다. 이는 오감으로 감지할 수 없는 뭔가 '신비스러운' 감각능력인 것으로 간주하여 여섯 번째 감각(제6감, sixth sense)이라 한다.

언뜻 이러한 것들은 그야말로 신비의 영역으로 간주될 수 있다. 오감의 영역을 벗어나기 때문이다. 하지만 다음과 같은 보다 더 이해가 쉬운 육감의 예를 들어보자. 우리는 갑자기 위급한 상황에 처하면 '육감적'으로 대처한다. 곰곰이 생각할 겨를 없이 즉각적, 육감적 반응을 할 때가 있다. 예를 들어 우리는 어떤 상황에서 '육감적'으로 넘어지지 않으려 자세를 바로 잡는다. 넘어지지 않으려 대처하는 육감적 과정이다. 생각할 겨를 없이 '나도 모르게 육감적'으로 대처한다. 그런데 이 과정을 뇌신경전달로 설명해보자. 몸의 자세는 근골격계통(근육, 물렁뼈, 뼈)이 결정하는데 근육과 뼈대의 3차공간직 위치와 긴장도는 근육과 인대에 있는 감각기[고유감각기(proprioceptor)라 한다]가 감지한다. 초기불교에서는 身根에 포함된다. 우리가 눈을 감고도 몸을 자유자재로 원하는 방식으로 움직일 수 있는 것은 기본적으로 근육과 힘줄의 움직임을 감지하는 몸의 고유감각에 의존한다. 즉, 근육과 인대에서부터 고유감각이 뇌의 고유감각피질(일차몸감각피질의 일부)에 전달되고, 이 뇌활성을 의근이 감지하여 자세를 바로잡도록 운동명령을 내린다. 그런데 너무 빠른 순간에 일어나기 때문에 우리가 의식하지 못하고 -'나도 모르게'- 일어나는 과정일 것이다. 아니면 정말 '의식'을 우회하고 -의근에 포섭되지 않고- 바로 운동명령으로 전달된 것일까. 뇌에서 일어나는 일종의 반사운동으로? 분명한 것은 적어도 뇌는 그 과정을 알고 있다는 것이다. 넘어지지 않으려 대처하는 과정에는 복잡한 신경회로들이 관여한다. 그 과정에 의근이 관여하지 않았다고 보기에는 너무 복잡한 과정이다. 따라서 아무리 빠른 순간에 '나도 모르게' 일어난 일이라 하더라도 뇌는 알았을 것이다.

보다 추상적인 예를 들어보자. '나는 육감적으로 그녀와 사랑에 빠지게 될 것으로 느꼈다'라고 할 때 '육감적'이라는 말은 일반적으로 식스센스를 의미한다. 하지만 그 신호전달과정을 나누어 살펴보자. 그 여인을 볼 때 그녀의 아름다운 생김새, 예쁜 말, 행동, 예절 등등의 5감이 나의 뇌에 마음(뇌활성)을 만든다. 이 뇌활성을 의근이 감지하고 내가 가지고 있는 '사랑스런 여인상'과 종합·비교하여 낸 결론이 '저 여인은 내 타입이다, 그러니 나는 저 여인과 사랑에 빠질 것이다'라는 결론에 도달한 것이다. 이 경우는 그 여인이 만든 나의 뇌활성을 의근이 포섭한 것이 분명한 것 같다. 의근이라는 여섯 번째 감각기관이 작용한 것이다.

다음 예도 마찬가지다. '나는 그 자동차가 사고를 낼 것으로 직감적
(육감적)으로 느꼈다'고 할 때, '그 차의 주행양상'은 법경이 되고, 이 법
경을 인지하여 분별한 결과가 '내가 알고 있는 사고를 내는 운행양상'
에 가까웠기 때문에 그런 생각-여기서는 예감-이 드는 것이다. 즉 예감
혹은 육감도 어떤 상황에서 일어나는 뇌활성들을 意根이 감지하여 종
합한 결과일 따름이다. 따라서 '식스센스'는 의근이 감지한 좀 특별한
意識이라고 본다.

제2장

초기불교에서 설명하는 意根

붓다는 여섯 가지 알음알이[識]을 설명하면서, 의근(마노 mano)은 법경을 알음알이(인식)한다고 했다. 법경을 감각한다는 뜻이다. 법경은 '생각'이라 할 수 있으며, 이는 뇌활성이다. 뇌활성을 감지할 수 있는 감각기관이 의근이다. 전오근은 외부감각을 감지하는 감각기관으로 이는 쉽게 이해할수 있지만, 뇌 속에서 일어나는 자극(뇌활성)을 감지하는 감각기관이 있다고 설정한 것은 붓다의 놀라운 통찰이다.

의근은 뇌 속에 있기 때문에 그 정체를 알기가 쉽지 않다. 붓다도 의근의 정체에 대하여 자세히 설명하지 않았다. 훗날 부파불교의 논서에는 이에 대한 설명을 시도하고 있다. 여기서는 붓다의 가르침인 경장에 나오는 의근과 논서가 설명하는 의근을 살펴보고, 마지막으로 의근의 신경과학적 근거에대하여 설명한다.

1. 경장(經藏)에서 설명하는 意根

1) 의근은 법경을 감각한다

경장(經藏)과 율장(律藏)은 붓다의 직접적 가르침이다. 경장은 붓다의 교리를, 율장은 불교도들이 지켜야 할 실제 생활상의 규칙과 교단의 계율규정을 일컫는다.

경장의 여러 곳에서 붓다는 여섯 가지 알음알이[識]를 설명하면서, 의근(마노 mano)은 법경을 알음알이(인식)한다고 했다. 법경을 감각한다는 뜻이다. 예로서 다음과 같은 붓다의 가르침이 있다.

> 8. "비구들이여, 알음알이는 조건을 반연하여 생기는데,
> 그 각각의 조건에 따라 알음알이는 이름을 얻는다.
> 알음알이가 눈과 형색들을 조건하여 일어나면
> 그것은 눈의 알음알이[眼識]라고 한다.
> 알음알이가 귀와 소리들을 조건하여 일어나면
> 그것은 귀의 알음알이[耳識]라고 한다.
> 알음알이가 코와 냄새들을 조건하여 일어나면
> 그것은 코의 알음알이[鼻識]라고 한다.
> 알음알이가 혀와 맛들을 조건하여 일어나면

그것은 혀의 알음알이[舌識]라고 한다.
알음알이가 몸과 감촉들을 조건하여 일어나면
그것은 몸의 알음알이[身識]라고 한다.
알음알이가 마노[意]와 법들을 조건하여 일어나면
그것은 마노의 알음알이[意識]라고 한다."

[맛지마 니까야]
갈애 멸진의 긴 경 [Maha - tanhasankhaya Sutta (M38)][3]

4. "뿐나여, 눈으로 인식되는 형색들이 있으니, [중략]
뿐나여, 귀로 인식되는 소리들이 있으니, ……
뿐나여, 코로 인식되는 냄새들이 있으니, ……
뿐나여, 혀로 인식되는 맛들이 있으니, ……
뿐나여, 몸으로 인식되는 감촉들이 있으니, ……
뿐나여, 마노로 인식되는 법들이 있으니, ……
뿐나여, 즐김이 일어나는 것이
바로 괴로움의 일어남이라고 나는 말한다."

[상윳따 니까야]
뿐나 경 [Punna- sutta (S35:88)][4]

---

3) 갈애 멸진의 긴 경. [맛지마 니까야] 제2권 p.211. 대림스님 옮김. 초기불전연구. 2009.
4) 뿐나 경. [상윳따 니까야] 제4권. p.196. 각묵스님 옮김. 초기불전연구원. 2009.

2) 의근은 전오식을 통합한다 : 다섯 가지 감각기능은 의근을 의지하고,
   의근은 다섯 가지 감각을 경험[통합]한다.

다섯 가지 감각은 전오식을 말한다. 전오식은 각각 다른 대상과 다른 영역을 가져서 서로 다른 대상과 영역을 경험하지 않는다고 경전은 가르친다. 안식은 물체만, 이식은 소리만, 비식은 냄새만, 설식은 맛만, 신식은 접촉만을 알음알이한다는 것이다. 서로의 영역을 침범하지 않는다. 예로서, 안근이 소리를 알음알이하지 못한다는 뜻이다.

하지만 이들 다섯 가지 감각기능은 의근(마노[意])을 의지한다. 의지한다는 것은 의존한다는 뜻이다. 의근의 역할이 있어야 전오식이 완성된다는 의미이다. 여기에는 두 가지 뜻이 내포되어 있다. 첫째는 전오식의 말미에 간단없이 의근이 접근하여 알음알이가 완성된다는 뜻이다. 즉, 의근은 전오식과 의식을 연결시켜주는 역할을 한다. 예를 들면 안식이 받아들인 대상이 무엇인지를 알려면 의식이 일어나서 이를 판단해야 하는데, 안식과 의식을 연결시켜주는 역할을 하는 것이 마노라는 것이다.[5] 둘째는 의근이 전오식을 모아 통합한다는 뜻이다. 이를 '마노[意]가 그들[전오식]의 대상과 영역을 경험한다'라고 설했다. 아래 [운나바 바라문 경]을 예로 든다.

---

5) [상윳따 니까야] 제3권. 해제 <심·의·식(心·意·識)은 동의어이다>, p.52.

3. "고따마 존자시여, 다섯 가지 감각기능은 각각 다른 대상과 각각
다른 영역을 가져서 서로 다른 대상과 영역을 경험하지 않습니다.
무엇이 다섯입니까? 눈의 감각기능, 귀의 감각기능,
코의 감각기능, 혀의 감각기능, 몸의 감각기능입니다.
고따마 존자시여, 이처럼 다섯 가지 감각기능은
각각 다른 대상과 각각 다른 영역을 가져서 서로 다른 대상과
영역을 경험하지 않습니다. 그렇다면 이들 다섯 가지 감각기능은
무엇을 의지합니까? 무엇이 그들의 대상과 영역을 경험합니까?

4. "바리문이여, 다섯 가지 감각기능은 각각 다른 대상과 각각 다른
영역을 가져서 서로 다른 대상과 영역을 경험하지 않는다.
무엇이 다섯인가? 눈의 김각기능, 귀의 감각기능,
코의 감각기능, 혀의 감각기능, 몸의 감각기능이다.
바라문이여, 이처럼 다섯 가지 감각기능은 각각 다른 대상과 각
각 다른 영역을 가져서 서로 다른 대상과 영역을 경험하지 않는
다. 이들 다섯 가지 감각기능은 마노[意]를 의지한다. 마노[意]
가 그들의 대상과 영역을 경험한다."

[상윳따 니까야]
운나바 바라문 경(Unnābhabrāhmana-sutta) (S48:42)[6]

---

6) 운나바 바라문 경. [상윳따 니까야] 제5권 '수행을 위주로 한 가르침', p. 585-586. 각묵
스님 옮김. 초기불전연구원. 2009.

2. 論書에서 설명하는 意根

1) 논서(論書) 혹은 논장(論藏)이란?

이제 논서에서 설명하는 의근을 살펴보자. 논(論)은 〈대법(對法)〉, 즉 '법에 대하여'라는 뜻이다. 법(法), 즉 부처님이 설한 교법에 대한 연구와 해석을 말하는 것으로서 오랫동안에 걸쳐 많은 논(論)이 만들어지고 후일에 정비되어 논장(論藏)이 되었다.

論藏은 경장(經藏), 율장(律藏)과 함께 三藏이라 하는데, 경과 율은 붓다의 직접적 가르침이지만 논은 붓다의 입멸 후 제자들이 만든 것이다. 논은 부파불교시대의 특징으로서 각 부파는 법에 대한 해석에 의거하여 자기 부파의 교리를 수립하였기 때문에 그 내용이 각 부파에 따라서 상이한 특징을 나타내게 되었다.

따라서 아래에 설명하는 의근에 대한 부파불교 논서의 설명은 붓다의 직접적 설명이 아님을 분명히 하고자 한다.

2) 오문 인식과정에서 의[意, 마노, mano]는 전오식의 앞과 뒤에 나타난다

● 心意識과 心體一說
意(마노, mano)를 설명하기 전에 우선 마음에 대하여 살펴보자.

흔히 마음을 心意識이라 한다. 불교에서는 심의식을 구분하여 이해한다. 心은 일반적으로 말하는 마음이다. 마음의 다양한 측면을 모두 포함한다. 意는 떠오르는 마음을 포섭하여, 생각하고 집착하는 측면의 마음이다. 외부감각에 의하여 떠오르는 마음 즉 전오식을 포섭하기도 하고, 스스로 떠오르는 생각(법경)을 포섭하기도 한다. 포섭한 마음에 생각을 더한다. 더하는 것은 필경 나와 관련된 생각들이다. 이와같이 마음 意는 의근의 역할이 특별히 강조된 마음이다. 識은 인식작용을 지칭한다. 육경을 인식하는 것이 識[알음알이]이다. 물체를 인식하고 소리를 인식하고 냄새를 인식하고 맛을 인식하고 촉감을 인식하고 떠오르는 생각(법경)을 인식한다. 생각을 인식하면 의식[마음]이 된다.

우리는 외부대상을 인식하기도 하고[識, vijñāna], 육경과는 관계없이 뭔가를 생각하고 집착하기도 한다[意, 마노 mano]. 또한 공부하고 경험한 것들을 기억하고 골똘히 생각하여 뭔가를 창조하기도 한다[心, citta]. 이러한 정신작용은 모두 마음의 범주에 속한다. 이와같이 識·意·心은 모두 마음의 다른 측면이지만 초기불교와 부파불교에서는 마음이라는 실체[心體]는 한 가지라고 보았다[一說]. 心體一說이다. 이를 뇌와 연결하여 생각해보면 識·意·心을 만드는 뇌부위가 각각 따로 있다고 보지 않았다는 의미이다.

초기불교의 여러 곳에서 마음[心]과 마노[意]와 알음알이[識]는 동의어라 한다. 경우에 따라 쓰이는 용도가 다를 뿐이다. 예로서 [상윳따 니까야]에 다음과 같이 가르친다.

4. "비구들이여, 그러나 배우지 못한 범부는 마음[心]이라고도 마노[意]라고도 알음알이[識]라고도 부르는 이것에 대해서 염오할 수 없고 탐욕이 빛바랠 수 없고 벗어날 수 없다. (중략)"

5. "비구들이여, 배우지 못한 범부는 차라리 네 가지 근본물질로 이루어진 이 몸을 자아라고 할지언정 마음을 자아라고 해서는 안 된다. 그것은 무슨 이유인가? (중략) 그러나 마음이라고도 마노라고도 알음알이라고도 부르는 이것은 낮이건 밤이건 생길 때 다르고 소멸할 때 다르기 때문이다. 비구들이여, 예를 들면 원숭이가 숲에서 돌아다니면서 이 나뭇가지를 잡았다가는 놓아버리고 다른 나뭇가지를 잡는 것과 같다. 그와 같이 마음이라고도 마노라고도 알음알이라고도 부르는 이것은 낮이건 밤이건 생길 때 다르고 소멸할 내 나르다."

[상윳따 니까야]
배우지 못한 자 경(Assutavā-sutta) (S12:61)[7]

---

7) 배우지 못한 자 경(S12:61). [상윳따 니까야] 제2권, 제17장 대품(Maha-vagga) p. 291-294.

배우지 못한 사람은 나의 몸이 변하지 않는 실체라 생각하여 자아가 있다는 생각을 할 수 있다. 그런 어리석음을 지을지언정 마음을 변하지 않는 것으로 생각해서는 안 된다고 붓다는 설한다. 원숭이가 숲에서 이 나뭇가지를 잡았다 놓고 다른 가지를 잡으며 빠르게 돌아다니는 것과 같이 마음(心), 마노(意), 알음알이(識)는 수시로 생겨나고 사라지며 옮겨간다는 것이다. 마음의 識·意·心 측면이 수시로 빠르게 변하면서 나타남을 원숭이에 비유해서 설명하였다. 마음은 하나이지만 나타나는 측면이 다르다는 것이다. 원숭이의 행동에 비유하여 수시로 바뀌는 마음을 '원숭이 마음(心猿)'이라 한다. 아무리 어리석은 사람이라도 마음이 이와같이 수시로 변한다는 사실은 알아야 한다고 했다.

● **意(마노, mano)는 법경을 알 때, 그리고 전오식의 앞과 뒤에 나타난다.**

識·意·心 세 가지 측면의 마음 가운데 意(마노, mano)의 특질에 대하여 부파불교 주석서는 다음과 같이 설명한다.[8]

마노는 대부분 안·이·비·설·신·의와 색·성·향·미·촉·법의 문맥에서만 나타난다. 특히 의는 법과 대가 되어 나타난다. 그러므로 의는 특히 마음이 안·이·비·설·신을 토대로 하지 않고 직접

---

8) [상윳따 니까야] 제3권. 해제 〈심·의·식(心·意·識)은 동의어이다〉, p. 52.

적으로 대상 즉 법을 알 때 그 정신적인 토대가 되는 역할을 하는 것이다.

이것은 아비담마의 인식과정에서도 명백하다. 아비담마의 오문인식과정에서 마노(의)는 두 번 나타나는데 바로 전오식(안식·이식·비식·설식·신식)의 앞과 뒤이다. 전오식의 앞에서는 마노가 잠재의식을 끊은 뒤에 대상으로 전호하는 전향의 역할을 하며(오문전향), 전오식의 뒤에서는 마노가 받아들이는 역할(받아들이는 마음)을 하여 뒤의 조사하는 마음(의식)으로 연결을 해 주고 있다.

「아비담마 길라잡이」제4장〈도표 4.1 눈의 문에서의 인식과정(매우 큰 대상)〉을 참조할 것)

意(마노, mano)는 '특히 마음이 안·이·비·설·신을 토대로 하지 않고 직접적으로 대상 즉 법을 알 때 그 정신적인 토대가 되는 역할을 하는 것이다'라는 것은 법경을 포섭하는 意의 역할을 설명한 것이다.

또한 意(마노, mano)는 전오식의 앞과 뒤에 나타난다고 하였다. 전오식의 앞에서는 오문전향(五門轉向)의 역할을, 전오식의 뒤에서는 받아들이는 마음 역할을 하여 조사하는 마음(의식)으로 연결을 해 준다고 한다. 오문은 五感門(안근·이근·비근·설근·신근)을 의미한다. 意가 전오식이 일어나려는 순간 전오근을 외부대상 앞으로 향하도록 하는 것이 첫 번째 기능[五門轉向]이고, 두 번째는 전오문을 통하여 들어온 대상(이제 법경이 되었다)을 의문(意門, 의근 문)으로 받아들이는 역할이다. 이상의 설명을 뇌과학적 관점에서 그림으로 그려보면 아래와 같다.

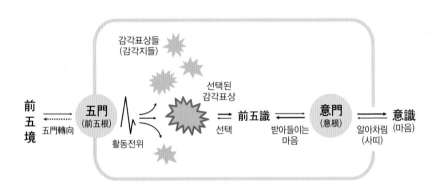

[전오경에 대한 의식이 생성되는 과정]

전오경은 동시다발적으로 전오문(전오근)에 의하여 활동전위로 바뀌어지고 각각의 해당 일차감각피질에 감각표상들을 만든다. 이 표상들 가운데 선택된 것은 전오식이 된다. 이어서 전오식은 의문으로 받아들어져 의식(마음)을 생성한다. 이와같이 의근은 뇌에 맺힌 감각표상을 선택하고 받아들이는 역할을 할뿐 아니라, 오감문(오문)이 대상을 향하게[오문전향] 한다. 의근의 작용을 알아차림하는 기능은 싸띠(sati)이다.

첫 번째 의근의 오문전향 기능은 무엇일까? 이는 상좌부불교의 교리 체계(論, 주석, 아비담마, Abhidhamma)에서 주장하는 '17찰나설'과 관련이 있다. 우리는 무엇을 인식할 때 인식과정이 지속적이라고 생각한다. 하지만 '17찰나설'에서는 인식과정은 '17찰나'에 이루어지며, 이러한 짧은 인식과정이 반복된다고 한다. 17찰나는 현대시간으로 약 0.23초에 해당한다. 한편 활동적으로 인식하는 마음(citta)이 있는 반면 인식과 인식 사이의 마음, 즉 인식하지 않는 수동적 마음도 있다. 이를 바왕가(bhavaṅga, 存在持續心, 有分心)라고 한다. 17찰나의 인식과정이 끝나면 반드시 바왕가로 돌아가고 다시 인식작용에 들어간다. 바왕가에서 인식과정으로 들어가기 위해서는 흘러가는 바왕가가 중단되고 인식대상으로 마음(citta)이 향해야 한다. 이 과정이 五門轉向이고, 이는 의근의 역할이라는 뜻이다. 오문전향이 있어야 전오식이 시작된다.

두 번째 기능, 즉 意門을 열고 들어온 자극을 받아들이는 것은 쉽게 이해할 수 있다. 의식과정으로 불러들인다는 것은 意門을 열고 들어온 자극 즉, 법경을 포섭한다는 것으로 바로 의근의 역할이다. 종합하면, 意(마노, mano)는 五感門을 인식대상으로 향하게 하여 전오식이 일어나게 하고, 意門 앞에 기다리는 전오식을 맞이하고 받아들여 의식을 생성하는 두 가지 역할을 한다.

3) 의근은 마음[心]이 과거로 낙사(落謝)한 것이다.

4세기 인도의 세친 스님이 지은《아비달마구사론(阿毘達磨俱舍論)》에 의근(意根)은 마음[心]이 과거로 낙사(落謝; 사라짐 falling into)한 것으로 설명되어 있다.[9] '의식'은 '현재를 방금 지나간 과거와 비교할 때 생기는 의미로 규정한다는 것이다. 마음은 찰나찰나로 이어진다고 한다. 이것을 심상속(心相續, 산스크리트어: citta-dhra, 영어: mindstream)이라고 한다.[10] 이는 부파불교의 경전인 『구사론』[11]의 설명인데 '모든 인식의 토대가 되는 意根은 바로 그 앞 찰나의 六識'이라는 것이다.[12] 앞 찰나의 육식이 의근이 되어 이어지는 마음을 만든다는 뜻이다.

---

9) 세친 지음, 현장 한역, 권오민 번역, 31-32 / 1397쪽. 6식(識)이 (과거로) 전이한 것을 의계(意界)라고 한다. 六識轉爲意

10) 운허, 불교사전. 동국역경원. "相續(상속)". "相續(상속): 인(因)은 과(果)를 내고, 과는 또 인이 되어 다른 과(果)를 내어 이렇게 인과가 차례로 계속하여 끊어지지 않는 것."

11) 《아비달마구사론(阿毘達磨俱舍論)》은 4세기 인도의 세친(世親, Vasubandhu: 316?~396?) 스님이 지은 불전이다. 약칭하여 《구사론(俱舍論)》이라고도 부른다. 세친 스님과 그 맏형인 무착 스님은 중기 대승불교인 유식불교를 창시한 스님이다. 아비달마는 불법연구라는 뜻이며, 구사론은 창고라는 뜻이다.
　　출처: 위키백과 https://ko.wikipedia.org/wiki/아비달마구사론

12) 『阿毘達磨俱舍論』(『大正蔵』29, pp. 4上-中). "應知 識蘊即名意處 亦名七界 謂六識界及與意界 豈不識蘊唯六識身 異此說何復爲意界 更無異法."; "nanu ca ṣaḍ vijñānakāyā vijñānaskandha ity uktam. atha ko 'yaṃ punas tebhyo 'nyo manodhātuḥ? na khalu kaś cid anyaḥ."

[게송]

"간극 없이(anantara, 無間) 지나가버리는 六識이 바로 意(manas)다."

[풀이]

等無間(samanantara)하게 소멸하는 識(vijñāna)은 무엇이든 意界(manodhātu)라고 설시되었다. 이는 어떤 남자가 바로 아들인데 다른 경우에는 아버지라고 불릴 수 있고, 어떤 것이 바로 열매인데 나중에는 씨앗이라고 불리는 것과 같다. 여기서도 바로 이와 같아서 의계라고 불릴 수 있다.[13]

이에 대하여 동국대학교 불교학부 김성철교수는 다음과 같이 설명한다.[14]

예를 들어 눈(안계)으로 어떤 형상(색계)을 지각하면, 의계(의근)에 의해서 안식(안식계)이 발생하는데, 여기서 '의계'와 '안식'

---

13) 『阿毘達磨俱舍論』(大正藏 29, p.4中). "由即六識身 無間滅爲意 論曰 卽六識身無間滅已 能生後識故名 意界 謂如此子卽名餘父."; "ṣaṇṇām anantarātītaṃ vijñānaṃ yad dhi tan manaḥ. yad yat samanantaraniruddhaṃ vijñānaṃ tan manodhātur ity ucyeta. tadyathā sa eva putro 'nyasya pitrākhyāṃ labhate."
14) 김성철 (2015) 불교와 뇌과학으로 조명한 자아와 무아. 불교학보(동국대학교 불교문화연구원) 제71집, 9-34.

은 별도의 범주에 속하는 것이 아니란 말이다. 앞 찰나에 발생했던 안식은 다음 찰나의 안식을 위해서는 의계(의근)의 역할을 하고, 다음 찰나에 발생한 안식 역시 그 다음 찰나의 안식을 위해서는 의계(의근)가 된다. 마치 어떤 남자가 누군가에게 아들이 되지만, 자기 자식에게는 아버지라고 불리는 것과 같고, 어떤 농산물이 가을에는 열매라고 불리지만 봄에는 씨앗이라고 불리는 것과 같다. 이는 다음과 같이 도시할 수 있다.[15]

제1찰나 −	의계(의근)1 (아버지) (=등무간연1)	=	안식1
제2찰나 −	의계(의근)2 (아버지) (=등무간연2)	=	안식2 (아들)
제3찰나 −	의계(의근)3 (아버지) (=등무간연3)	=	안식3 (아들)

---

15) Ibid. 이는 '김성철, 「싸띠(Sati) 수행력의 측정과 향상을 위한 기기와 방법」, 『한국불교학』 제72집(서울: 한국불교학회, 2014), p.301'에서 인용하며 변형한 것임.

그런데 이런 과정을 통해서 발생한 안식1, 안식2, 안식3은 최초의 안식이다. 이런 안식을 기점으로 삼아 일어나는 갖가지 느낌이나 생각이나 정서는 앞의 표에서 보듯이 '법계(法界)'에 속한다. '의식'의 발생 과정에 대한 『아비달마구사론』의 이러한 설명을 불교논리학 문헌인 『니야야빈두(Nyāyabindu)』에 실린 설명과 종합할 때 의식의 정체, 마음의 정체가 보다 분명해진다. ... (중략)... 『니야야빈두』에서는 의식(意識, manovijñāna)에 대해 "자기의 대상(svaviṣaya)과 인접한 대상(anantaraviṣaya)의 共助(sahakārin)에 의해, 즉 감각지(indriyajñāna)에 의하고 등무간연(等無間緣, samanantarapratyaya)[16]에 의해 발생하는 것이 의식이다."라고 정의한다. 이를 도시하면 다음과 같다.

---

16) 등무간연(等無間緣)은 찰나 생멸하는 법의 흐름에서 '어떤 시점의 법이 발생할 때 시간적으로 간극 없는(無間) 바로 앞 찰나에 존재했다가 조건(緣)의 역할을 한 후 즉각 사라지는 법'이다. [실용 한-영불교용어사전]에서는 다음과 같이 설명한다. 사연 (四緣)의 하나. 심 (心) 또는 심소 (心所)가 전염 (前念)과 후념 (後念)으로 옮겨 변할 때, 전염에 없어진 마음이 길을 열어 뒤에 나타나는 마음을 끌어 일으키는 원인이 되는 것을 말함. 이는 마치 두 사람이 외나무다리에서 만났을 때, 한 사람이 양보하지 않으면 지나갈 수 없음과 같다. The antecedent condition in the uninterrupted similar mental flow: It refers to the immediately preceding moment in the stream of thought that facilitates the subsequent emergence of another thought by extinguishing itself, just like a man yielding the way for the approaching man on a single log bridge. Cf. (Sayeon) Four conditions

제1찰나	—	대상1	—	감각지1 (안식1) (=등무간연1)	=	의식1
제2찰나	—	대상2	—	감각지2 (안식2) (=등무간연2)	=	의식2
제3찰나	—	대상3	—	감각지3 (안식3) (=등무간연3)	=	의식3

'의식2'를 중심으로 설명해보자. 여기서 '대상2에 대한 지각인 감각지2'는 그 이전 찰나에 있었던 '대상1에 대한 지각인 감각지1'과 공조하여 '의식2'가 되기에, '감각지2'는 위의 정의에서 말하는 '자기의 대상(svaviṣaya)'이고, '감각지1'은 '인접한 대상(anantaraviṣaya)'이다. 감각지(indriyajñāna)란 무언가 보거나 들었을 때 그에 대한 '첫 찰나의 인식'으로 '안식(眼識), 이식(耳識), 비식(鼻識) …'과 같은 것이다. '감각지1'은 앞 찰나에 존재했다가 '의식2'를 위해 조건(緣)의 역할을 하고는 곧 사라지기에 등무간연(等無間緣, samanantarapratyaya)이라고 부른다. 요컨대 앞 찰나의 감각을 토대로 지금 느낀 감각의 의미가 순간적으로 규정되는데 그것이 '의식(manovijñāna)'이라는 것이다.

비근한 예를 들면, 어떤 방이 크다고 느껴지는 것은 바로 직전에 작은 방을 보았기 때문이고, 동굴 속에 들어가 따뜻한 느낌이 드는 것은 동굴 밖이 추웠기 때문인데, 이 때 '작은 방' 이나 '동굴 밖의 추위'가 조건의 역할을 하여 어떤 방의 크기 와 동굴 속의 온도를 의미 짓는 것이다. 그 전에 더 큰 방을 봤 으면 어떤 방은 작게 느껴지고, 그 전에 동굴 밖이 무더웠으 면 동굴 안은 시원하게 느껴진다. 어떤 방에 원래 크기가 없 고, 동굴 속의 온도도 원래 따뜻하거나 시원한 것이 아닌데 동굴 밖의 온도에 따라서 다른 '의식'이 떠오른다. 연기(緣起) 하는 것이다. 그런데 이러한 '시간적 연기'는 매 순간 찰나적 으로 일어난다.

시간은 찰나찰나 흘러간다. 각 찰나는 감각지가 일어나고 사라지 는 시간이다. 어느 한 찰나에 '감각지1'이 존재하고 이것에 의하여 '의식 1(마음1)'이 생성된다. 이 '의식1'은 '감각지2'가 일어나기 위한 조건 (緣) 즉 의근 역할을 하고는 곧 사라진다. '의식1'이 곧 의근이기에 이 둘 사이에는 간격이 없다. 간격이 없는 인연이 되기에 등무간연(等無間 緣)이라고 부른다. '감각지2'가 일어나면 이는 '감각지1'과 비교하여 '의 식2'가 생성된다고 한다. 앞 찰나의 감각과 이어지는 찰나의 감각을 비 교하여 지금 느낀 감각의 의미가 '의식(manovijñāna)'이라는 것이다. 예로서, 앞 찰나의 감각지가 지금 찰나의 감각지보다 온도가 낮기 때문에 지금 '춥다'는 의식이 생긴다고 한다.

이와같이 "간극 없이(anantara, 無間) 지나가버리는 六識이 바로 意(manas)다."라고 부파불교 아비달마구사론의 게송(불교적 교리를 담은 한시)은 노래한다. 불교에서는 마음이 생멸변화가 있는 유위법(有爲法)의 하나인 것으로 본다. 유위(有爲)란 조작된 것, 다수의 요소가 함께 작용된 것, 여러 인연이 함께 모여서 지은 것, 인연으로 말미암아 조작되는 모든 현상을 가리킨다. 마음은 조건이 모여서 만들어지는 것이라는 뜻이다. 마음은 찰나 찰나로 상속한다(심상속). 心相續에서 전찰나의 마음(前刹那의 心)이 의근이 되어 지나가면서 후찰나의 마음(後刹那의 心)을 만든다.

마음은 전찰나의 마음과 후찰나의 마음이 서로 인연이 되어 만들어지는 유위법이다. 전찰나의 마음이 어떻게 후찰나의 마음을 만들까? 부파불교와 더 훗날 대승불교에서는 모두 전찰나의 마음이 후찰나의 마음의 소의(所依)가 된다고 한다. 소의는 성립 근거, 여기서는 인식작용의 도구라는 뜻이다. 즉, 전찰나의 마음은 후찰나의 마음을 일으키는 기본 도구로 사용된다고 본다. '전찰나의 마음', 즉 '과거로 낙사한 마음'을 의근(意根)이라고 본 것이다.

의식에 대한 김성철교수의 설명을 더 들어보자.[17]

　　『아비달마구사론』의 설명을 토대로 계산하면 1찰나는
1/75초다. 1초가 75찰나로 이루어져 있다는 말이다. 물론 1
초는 더 세분될 수도 있겠지만, 『구사론』에 의하면 1찰나는
"갖가지 조건들이 모여서 법 자체가 인지되는 순간"이기에, 찰
나란 '물리적 시간의 최소 단위'가 아니라 인간 또는 생명체에
게 '인지 가능한 시간의 최소 단위'임을 알 수 있다. 네 가지 현
량 가운데 '감각지'나 '의식'은 1/75초 동안만 '한 곳'에 머무
른다. … (중략). … 그런데 이렇게 '감각지'와 '의식'과 같은 현
량(pratyakṣa)[18]이 1찰나 동안 머무르는 그 '한 곳'을 불교
논리학에서는 자상(自相, svalakṣaṇa)이라고 부른다.
　　… (중략)…
　　실재하는 것은 자상들뿐이다. 그 크기는 우리의 주의력(at-
tention)이 머무는 한 점(point)이고, 존속 시간은 1찰나(in-

---

17) 김성철 (2015). 불교와 뇌과학으로 조명한 자아와 무아. 불교학보 71, 9-34.
18) https://ko.wikipedia.org/wiki/불교용어목록/량. 량(量, 산스크리트어: pramāṇa)
　　의 한자어 그대로의 뜻은 '헤아리다' 또는 '추측하다'이다. 현량(現量, 산스크리트어:
　　pratyakṣa-pramāṇa): 직접적 인식인 지각(知覺)을 뜻한다. 참고로 비량(比量, 산스크
　　리트어: anumāna-pramāṇa): 간접적 인식인 추리(推理)를 뜻한다. 비량(非量, 산스크
　　리트어: apramāṇa): 착오적인 현량(現量)과 비량(比量) 즉 착오적인 지각과 추리를 뜻
　　한다.

stant)다. 『니야야빈두』를 영역(英譯)하고 해설하면서 체르
밧스키는 '특수 중의 특수'인 이런 자상을 '점-찰나(point-in-stant)'라고 명명하였다. 사물을 보건, 소리를 듣건, 냄새를
맡건, 무엇을 맛보건, 촉감을 느끼건, 생각을 하건, 상상을 하
건, 회상을 하건 우리의 주의력은 이런 '점-찰나'를 훑고 있다.
나의 신체에서 일어나는 일이든 외부에서 일어나는 일이든 우
리의 주의력은 1초에 75개소(個所)의 '점 - 찰나'를 두드린다.
그 '점-찰나'를 쫓아가는 주의력의 관점에서는 이를 '현량'이
라고 부르고 부단히 명멸하는 그 '점-찰나'의 측면에서는 그
것을 '자상'이라고 부른다. 현량과 자상은 다른 것이 아니다.
동일한 '점-찰나'의 양면일 뿐이다. 이 세상은 부단히 명멸하
는 거대한 '점-찰나'들의 흐름일 뿐이다. 이런 '점 - 찰나'의 무
더기가 마치 폭류처럼 콸콸 흘러간다. '나'라든가 '남'이라든
가 '세상'이라든가 '사물'이란 것은 그런 '점-찰나의 무더기'가
모여서 만들어낸 가상들일뿐이다. 마치 브라운관 TV의 전자
총에서 쏘는 1차원적인 전자의 흐름이, 전자석의 유도를 받
아, 모니터 내면을 재빠르게 훑어서 2차원적인 '화면'의 영상
을 그려내듯이, 1초에 75군데 지점을 포착할 수 있는 나의 '주
의(注意, attention)'의 흐름이 마치 전자총과 같이 세상을 훑
어서 '3차원 공간 속에 내가 산다.'는 착각을 그려낸다.

나의 '주의'가 마치 전자총과 같이 빠른 속도(1초에 75군데)로 뇌에 그려지는 自相을 훑어서 이를 통합하여 마치 내가 3차원 공간에 사는 것 같이 느낀다는 것이다. 自相은 뇌활성, 즉 법이다. 그 법을 '注意(at-tention)'가 훑어서 의식을 생성한다. 훑는다는 것은 포섭한다는 뜻이다. 주의가 자상을 포섭한다. 즉, 주의가 곧 의근이다.

Box 2-1) 眼識에서 한 점 識이 생기는 시간의 뇌과학

찰나는 우리가 한 순간을 인식하는데 필요한 최소한의 시간으로, 현대의 시간으로 환산하면 1/75초(0.013초)이다.[19] 그 보다 더 짧은 시간에 일어나는 상황변화는 우리는 알아차리지 못한다. 이러한 찰나의 시간적 제한은 감각기관인 육근에서 일어날까 아니면 감각피질에서 일어나는 현상일까? 다시 말하면, 육근은 시간의 간단없이 연속적으로 감각을 받아들이는데 대뇌 감각피질이 연속적으로 인식하지 못하고 일정 시간 동안 들어오는 감각정보를 모아서 인식하는 것일까 아니면 그 반대일까?

안식을 예로 들어보자. 안근은 망막에서 연속적으로 시각정보를 받아들여 대뇌 일차 시각피질에 전달할까? 아니면 1찰나 동안 모아서 하나씩 정보를 전달할까? 시각피질에서는 맺힌 감각(sensation)으로부터 표상(percept)을 추출하는 과정은 연속적일까? 아니면 모아서 1찰나에 하나씩 모아서 그것이 무엇이라는 표상을 얻을까?

---

19) 찰나는 시간의 최소단위다. 『아비달마구사론』에서는 "刹那(kṣaṇa) 120이 [모이면] 1 怛刹那(tatkṣaṇa)가 되고, 60달찰나는 1臘縛(lava)이 되며 …… 30랍박은 1牟呼栗多(muhūrtta)가 되고, 30모호율다는 1晝夜가 된다."고 설명하는데 이에 근거할 때 1일은 6,480,000찰나로 이루어져 있음을 알게 된다. 또 1일은 86,400초로 계산되기에 1찰나는 정확히 1/75초다 (86,400÷6,480,000=1/75). 그런데 이렇게 1/75초로 계산되는 1찰나가 '물리적 시간'의 최소단위일 수는 없을 것이다. 물리적 시간은 그보다 더 잘게 계속 나누어질 수 있기 때문이다. 그렇다면 찰나란 어떤 시간일까? 『아비달마구사론』에서는 찰나의 의미에 대해 다음과 같이 설명한다. 그러면 무엇을 1찰나의 量이라고 하는가? 갖가지 조건들이 모여서 법 자체가 인지되는 순간, 또는 움직이는 어떤 법이 한 극미에서 인접한 극미로 건너가는 순간이다. 아비달마논사들은 힘센 사람이 손가락을 퉁길 뿐인데도 65찰나가 걸린다고 말한다. 여기서 '갖가지 조건들이 모여서 법 자체가 인지되는 순간'이라는 정의에서 우리는 찰나란 '물리적 시간'이 아니라 '심리적 시간'의 최소단위 임을 알게 된다. 다시 말해 '인간(또는 중생)에게 파악 가능한 시간의 최소단위'가 찰나인 것이다. [출처: 金桓喆 (2014) 싸띠(Sati) 수행력의 측정과 향상을 위한 기기와 방법. 한국불교학 제72집, pp. 293-325.

망막은 필름과 같다. 필름에 감광색소가 있듯 망막에도 명암 및 색깔을 감지하는 감광소가 있다(제5장 전오식 참조). 망막의 감광색소는 점(밝은점, 어두운점, 색깔점)을 분석한다. 망막에서 명암에 대한 감광색소는 '어두운 점'에 반응하는 'OFF'-center와 '밝은 점'에 반응하는 'ON-center'가 있다. '색깔점'을 분석하는 센터들도 있다. 이런 '점분석 센터'들은 얼마나 빠르게 분석정보를 시상으로 보낼까?

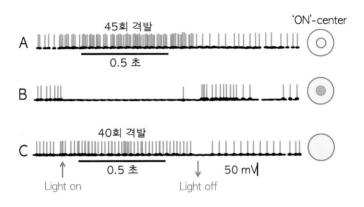

[망막 신경절세포의 격발]

망막에 맺힌 상은 점의 수준에서 분석된다. 분석된 밝은 점, 어두운 점, 색깔 점들은 신경절세포(ganglion cell)를 통하여 시상에 전달된다. 이 그림은 고양이의 망막 'ON'-center (둥근 원)에 밝은 빛을 비췄을 때 생성되는 신경절세포의 격발(firing)을 보여준다. 'ON'-center는 밝은 점이 맺혔을 신경절세포를 격발시킨다. 따라서 B와 같이 가운데가 어두운 빛을 비추었을 때(화살표 ↑)는 격발하지 아니 한다. 반면에 가운데가 밝은 빛을 비추면 활발히 격발하는데 'ON'-center의 일부분(A)보다 전체(C)를 비췄을 때 가장 활발히 격발한다. 이 세포가 가장 빠르게 격발할 때 대략 0.5초 당 45회 격발한다. 1회의 격발에 0.011초 걸린다. 1찰나(1/75초, 0.013초)에 매우 근접한다.

위 그림은 노벨상을 수상한 Wiesel의 실험결과로서 고양이의 망막 'ON-center'에 밝은 빛을 비췄을 때 생성되는 ganglion cell[20] 의 격발(firing)을 보여준다. [21] ganglion 세포는 망막에서 시상으로 신호(활동전위)를 보내는 신경세포이다. 이 세포가 가장 빠르게 격발할 때 대략 0.5초 당 45회 격발한다. 1회의 격발에 0.011초가 걸린다. 1찰나이다! 안근은 1찰나에 '하나의 점' 정보를 뇌에 전달한다.

시각피질에서는 어떨까? 망막에서는 점이 분석되고 일차시각피질에서는 선이 분석된다. 단순화하기 위하여 시각피질에서 선 하나를 인식하는 세포만 생각하자. 이 세포는 특정한 방향으로 기울어진 선을 인식하는 세포로서 단순세포(simple cell)라 한다. 이 세포가 선을 인식하는데 얼마나 걸릴까? 불교적으로 말하면 뇌가 하나의식(識)을 생성하는데는 얼마나 걸릴까? 마찬가지로 1찰나일까?

---

20) 망막의 'ON-' 혹은 'OFF'-center에서 생성된 신호를 최종적으로 받아서 시상으로 보내는 신경세포이다. 이들의 축삭이 시신경(optic nerve)을 이룬다.
21) Wiesel TN (1959) Recording inhibition and excitation in the cat's retinal ganglion cells with intracellular electrodes. Nature 183:264-265.

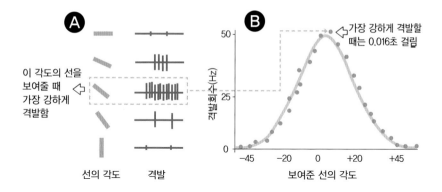

[시각피질 단순세포(simple cell)의 격발]

일차시각피질에 있는 단순세포는 특정한 기울기의 선에 반응한다. 이 그림의 단순세포는 왼쪽으로 45도 기운 선(-45도 선)에 반응하는 세포로서, 수평이나 수직방향의 선에는 반응하지 않는다(A, 맨위 및 맨아래). 반면에 -45도 선에 대하여 가장 강하게 격발한다. 오른쪽 그래프는 선의 각도에 따른 격발빈도를 나타낸다. x축은 -45도를 기준(0)으로 좌우 각도를 나타내고, y축은 분당 격발회수(Hz)를 보여준다.

위 그림은 원숭이에게 막대선(bar)을 보여주었을 때 일차시각피질에 있는 단순세포(simple cell)[22]가 격발하는 양상을 기록한 것이다.[23] 왼쪽 A에서 보면 막대선의 방향에 따라 단순세포의 격발빈도가 달라짐

---

22) 일차시각피질에서 선을 감지하는 신경세포

23) Paul C. Bressloff (2003) Pattern formation in visual cortex. Department of Mathematics, University of Utah, 155 S 1400 E, Salt Lake City, Utah 84112. November 6, 2003.

을 알 수 있다. 이 세포는 방향성 막대선에 반응한다. 오른쪽 그래프는 (B)는 가장 강하게 격발하는 방향을 중심으로 좌우 경사지게 보여주었을 때의 격발빈도(frequency, Hz)를 나타낸다. 가장 강하게 반응할 때 1초에 평균 53회 격발하며 경우에 따라 60격발/초까지 빨라짐을 볼 수 있다. 0.016초 간격으로 격발한다는 뜻이다. 격발은 이 세포가 선을 인지하여 반응함을 의미한다. 한 점의 식(識)이 생성된다는 의미이다. 이 빠르기는 망막에서와 비슷하다. 즉 망막에서 전해주는 속도대로 대뇌피질에서 한 점 識이 일어난다는 것이다. 불교에서 설명하는 1찰나와 거의 같은 속도로!

지금까지 망막에서 1찰나에 점 하나를 인식하여 뇌로 보내고, 뇌의 일차시각피질에서는 1찰나에 선 하나를 인식함을 보았다. 물론 시각 분석이 일어나는 단 하나의 점만 생각하여 매우 단순화시켜 본 것이다. 예로서, 실제로는 망막에 선이 맺히면 그 선상에 있는 많은 점 분석 센터들이 동시에 신호를 동일한 단순세포에게 보낸다. 즉, 일차시각피질의 단순세포는 망막의 많은 신경절세포로부터 동시에 신호를 받는다.

Frame 1   Frame 2   Frame 3

1찰나는 0.013초이기 때문에 우리는 0.013초의 시간적 간격을 두고 시각감각을 받아들인다. 하지만 우리는 단절된 인식을 갖지 않는다. 우리의 뇌는 단절된 한 점 識(스냅사진, 순간사진)을 연결하여 마치 연속적인 것처럼 느낀다. 이는 마치 영화필름이 초당 30개의 단절된 프레임으로 이루어져 있지만 우리는 연속적인 것처럼 인식하는 것을 보면 알 수 있다. 영화는 0.033(1/30)초에 한 장면씩 보여준다. 우리의 감각기관은 영화필름보다 더 빨라서 1찰나(0.11초)에 한 장면씩 즉 1초당 75장을 보낸다고 볼 수 있다. 뇌는 찰나 사이의 공간을 채워서 연속적인 것처럼 인식한다.

Box 2-2) 싸띠미터(Sati-Meter)

수행의 방법 가운데 하나는 마음을 호흡에 두는 것이다. 숨을 들이쉼을 알아차리고
내쉼을 알아차림한다. 이와같이 '한 점 識의 흐름'을 낱낱이 추적함으로써 깨달음에
이르게 하는 수행이 바로 알아차림 수행이다. 알아차림은 빨리어 싸띠(sati)를 번역한
것인데 마음챙김이라고도 한다. 알아차림을 훈련하기 위한 장치인 싸띠미터(Sati-
Meter)를 김성철교수[24] 가 발명했다. 감각자극분배기(觸覺刺戟分配機)로 피험자
몸의 여러 곳에 일정한 수의 소형진동모터를 부착하고, 그 가운데 일부를 작동시켜
서 자극 個所의 認知 여부를 확인하는 기기로, 촉경에 주의를 기울이게 한다는 점에
서 싸띠 수행과 유사하다.

[싸띠미터]
마음챙김(Sati) 훈련장치이다. 진동단자를 몸의 여러 곳에 부착하고 진동장소와
횟수를 단자를 눌러 보고하게 한다.

24) 金星喆 (2014) 싸띠(Sati) 수행력의 측정과 향상을 위한 기기와 방법. 한국불교학 제
72집, pp. 293-325.

그는 기기의 고안을 위한 이론적 토대를 '주의(Attention) - 동시에 여러 가지를 파악할 수 없다'라는 소제목 하에 이렇게 설명한다.

지금 이 순간에도 우리의 감관에는 수많은 정보가 쏟아져 들어온다. 모니터의 화면이 눈에 보이고, 냉장고의 냉매를 압축하는 모터가 돌아가는 소리, 창 밖에서 지나가는 자동차의 소음, 책상 위 탁상시계의 초침이 재깍거리는 소리, 거실에 켜진 TV의 소리, 단물이 다 빠진 츄잉껌의 씁쓸한 맛, 옆집에서 고등어 굽는 냄새 ……. 이런 감각들만이 아니다. 우리의 몸은 지금 이 순간에도 수많은 촉각정보와 접하고 있다. 옷이 피부에 닿은 느낌, 머리에서는 가려운 느낌, 손가락으로 키보드를 두드리는 촉감, 숨을 쉬면서 복부가 움직이는 느낌 …… 발바닥이 바닥에 닿은 느낌, 등이 의자에 기댄 느낌 …… 지금 이 순간에 우리의 신체는 수십 가지의 촉감과 접하고 있다. 이렇게 '안, 이, 비, 설, 신'의 五根으로 수많은 감각정보가 들어오지만, 그 모든 것이 나에게 인지되지는 않는다. 그 가운데 내가 '주의(Attention)'를 기울인 것만 의식에 떠오르고 기억에 남는다.

주의와 의식의 관계를 잘 설명한다. 의식은 의근이 만든다. 따라서 주의는 의근의 기능이다.

4) 주의를 기울인 것만 의식에 떠오른다 - 의근에 포섭된 것만 의식이 된다

'내가 주의를 기울인 것만 의식에 떠오른다'고 했다. 주의를 기울임으로서 의식이 생성된다는 것이다. 그렇다. 어느 한 순간에도 뇌에는 수많은 뇌활성이 있다. 이들은 모두 法境들이다. 이 뇌활성들 가운데 '하나를 선택하여 그 뇌활성에 주의를 기울이는 능력'이 의근이다. 붓다는 추상적인 생각을 하나의 감각이라고 보았다. 추상적인 생각은 곧 법경이기 때문에, '추상적인 생각, 즉 뇌활성'이라는 감각[法境]을 포섭하는 감각기관이 의근이다.

뇌활성은 외부자극에 대한 오감에 의하여 생성될 수도 있고, 여러 가지 생각들과 같이 뇌 속에서 자체적으로 시작될 수도 있다. 외부자극도 전오근에 의하여 뇌활성으로 바꾸어지면 뇌 속에서 시작한 뇌활성과 다를 바 없다. 모두 법이 된다. 법을 선택하여 주의를 기울이는 능력이 의근의 능력이다. 이에 대한 김성철교수의 설명을 들어보자.

> 우리가 무엇에 주의를 기울일 때, 그런 주의가 외부 자극에 의해 촉발되는 경우도 있지만, 자발적으로 이루어지는 경우도 있다. 전자가 上向的 注意, 후자가 下向的 注意다, 이런 두 방향의 주의 과정에서 대뇌피질의 중심고랑을 경계로 상향적 주의는 '감각과 認知'를 담당하는 뒷부분과 관계되

고, 하향적 주의는 '행동과 意志'를 담당하는 앞부분과 연관
된다. 또 동시에 두 가지 이상의 과제가 주어질 때에는 병목
현상이 발생하여 주의집중의 정도가 떨어지는데 이는 한 순
간에 하나의 정보만을 검토하는 메커니즘이 있기 때문인 것
같다는 것이다. 그러면 불교에서도 이러한 '주의'에 대해 논
하는가? 『아비달마구사론』의 5위75법에서 心所法[25] 가운데
大地法[26]의 하나인 '作意(manasikāra)'가 주의(Attention)
에 해당할 것이다. [27] 예를 들어 위빠사나 수행의 경우 그 내
적 과정은 '作意(manasikāra) → 싸띠(sati) → 알아차림
(sampajañña) → 집중(sāmadhi) → 지혜(paññā)'의 과정
을 거치는데[28] 여기서 보듯이 첫 단계에서 '주의'인 '作意'가
일어난다는 것이다.

---

25) 마음작용(산스크리트어: caitta, caitasika, 팔리어: cetasika, 영어: mental factors,
mental events, mental states)은 마음의 작용의 준말이며, 전통적인 불교 용어로는
심소유법(心所有法), 심소법(心所法) 또는 심소(心所)라고 한다. 또한, 마음작용을
의식작용(意識作用) 또는 심리작용(心理作用)이라 부르기도 한다. 고타마 붓다가 설
한 5온(五蘊)의 법체계에서 수온(受蘊)·상온(想蘊)·행온(行蘊)의 3온에 속한다. 출
처: https://ko.wikipedia.org/wiki/마음작용
26) 대지법은 일체(一切)의 마음(6식, 즉 심왕, 즉 심법)과 '두루 함께[大]' 일어나는 마음
작용(심소법)을 말한다. 출처: https://ko.wikipedia.org/wiki/대지법
27) 작의(作意)는 마음(6식, 즉 심왕, 즉 심법)을 경각(警覺)시키고 마음의 주의(注意)를
일깨우는 마음작용으로, 마음을 자극하고 일깨워 인식대상[所緣境]에 유의(留意)하게
즉 관심을 기울이게 한다. 출처: https://ko.wikipedia.org/wiki/작의
28) 정준영·박성현, 「초기불교의 사티(sati)와 현대심리학의 마음챙김(mindfulness): 마
음챙김 구성개념 정립을 위한 제언」, 『한국심리학회지: 상담 및 심리치료』 22(2010),
p.7.

작의(作意)는 유의(留意)라고도 하는데, 마음으로 하여금 정신을 가다듬어 주의 깊게 살피어 인식대상에 주의(注意, attention)하게 하는 마음작용이다. 주의는 관심을 집중하여 기울이는 것으로, 마음작용(심소법) 가운데 작의에 해당한다. 그런데 작의(주의)는 한 순간에 하나의 정보만 검토한다고 한다. 즉 작의는 한 순간에는 하나의 정보에만 접근하는 특성이 있다. 작의가 의근의 작용이다.

의근이 뇌활성에 접근하는 것을 동국대학교 경주캠퍼스 이필원교수의 설명을 들어보자. [29]

눈이 물체를 보았을 때 안식이 발생하지만, 발생된 안식은 물체에 대한 어떠한 주관적 판단도 이루어지지 않은 상태의 '식'이다. 즉 카메라를 비유하자면 '찰칵'하고 대상이 렌즈를 통해 그대로 필름에 상이 맺힌 상태인 것이다. 따라서 안식은 '마음'의 범주에는 속하지 않지만, 의근을 통해 안식의 내용이 해석이 되거나, 혹은 이전에 기억되어 있던 의식의 내용이 안식과 결합하게 되면 비로소 그것은 마음의 활동 결과인 의식으로 나타나게 된다. 여하튼 마음은 바로 이러한 과정에서 이해될 수 있다. 이렇게 보면, 18계설에서의 마음은 크게 두 가지 층을 갖고 있는 것

29) 이필원, 초기불교의 정서 이해 - 인지심리학의 관점을 중심으로 - 인문논총 제67집 (2012), pp. 49~80.

으로 이해된다. 먼저 일종의 기관과 같은 것으로 이해되는 마음인 '의근'(意根)과 의근의 활동 결과인 '의식'(意識)이다.

안근에 의해 최초로 생성된 상은 '안식'이다. 안식은 아직 마음의 범주에 속하지 않는다고 한다. 아직 마음에 들어오지 않았고 그래서 어떤 의미로 해석되기 전의 단순한 뇌활성이다. 이 뇌활성(즉, 안식)이 의근을 통해서 해석되어야 마음에 들어온다고 설명한다. 의근이라는 '일종의 감각기관'에 포섭되어야 마음에 들어와 의미를 갖는다는 것이다. 그렇다. 뇌활성도 前五根과 같은 일종의 감각기관에 포섭되어야 마음에 들어온다. 그 감각기관이 의근이다. 의근에 포섭되어 기존에 기억된 마음내용과 비교분석될 때 안식은 '해석되어' 의식에 들어온다. 사과의 예를 들면, 의근에 포섭되기 전의 안식은 그저 '형태적인 무엇이 있다'라는 뇌활성이고, 의근에 포섭된 안식은 기존의 지식에 비추어볼 때 '아! 사과구나'라고 해석이 된다는 것이다. 그래서 마음은 두 가지 층[단계]을 가지고 있다고 한다. 의근이 대상을 포섭하는 단계와 포섭된 대상을 해석하는 단계이다.

계속되는 이필원교수의 설명이다.

> 의식은 다시 두 가지로 이해된다. 즉 마음인 의근이 법경(法境: 관념적인 대상)을 대상으로 하여 형성된 의식과, 전오식(前五識: 眼·耳·鼻·舌·身識)을 통괄하는 의식이다. 의

근도 두 가지로 이해되는데, 첫째는 법경을 대상으로 의식을 형성하는 의근과 전오식과 의식 사이에서 전오식의 내용을 의식이 종합적으로 판단을 하는데 작용하는 의근이다. 정리하자면, 마음의 활동 결과인 의식은 두 가지 차원을 갖고 있는 것이 된다. 첫째는 의근이 법(dhamma)을 의식할 때의 의식이다. 둘째는 전오식이 인식한 내용을 의근을 통해 의식이 받아들여 종합적 판단을 할 때의 의식이다. 전자는 의(mano, 意)가 하나의 감각기관과 같이 기능하여 발현된 의식이고, 후자는 전오식의 내용을 법경(法境)으로 한 의식이다. 이렇게 이해해야만 의근을 통해 전오식의 내용을 판단한다는 이해가 가능하게 된다. 이 때 판단된 내용은 또한 다시 의식의 대상이 될 수 있음은 물론이다. 이것이 가능해야만, 기억의 회상을 통한 인식의 활동이 가능해지기 때문이다.

의근은 뇌 속에서 자체적으로 생긴 법경(즉, 내인적 뇌활성)을 대상으로 접근하여 의식을 형성하기도 하고, 전오식에 의하여 생성된 법경(즉, 외인적 뇌활성)을 대상으로 형성되기도 한다고 설명한다. 양자 모두 뇌에 형성된 뇌활성(즉, 법경)을 의(意, mano)가 하나의 감각기관으로 기능하여 감지하였다. 감지한 결과는 의식으로 발현되었다. 의근에 포섭되면 의식이 되기 때문이다.

3. '등무간연(等無間緣)이 의근이다'

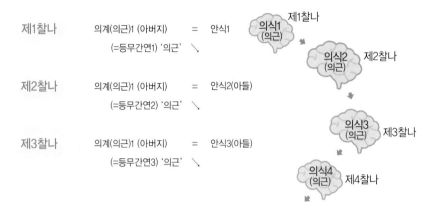

[등무간연과 의근]
제1찰나에 생긴 안식1은 그 자체가 의근이 되어 제2찰나의 안식2를 만든다. 안식
1과 의근1은 동일하기 때문에 간격이 없는 인연이다. 따라서 등무간연이라 한다.
즉, 등무간연이 의식이 이어지게 하는 의근이다.

매 찰나 한 점의 식이 생성되고 사라지면서 다음 찰나의 식이 생성된
다. 이렇게 1초에 75개의 식이 명멸한다고 부파불교의 논서는 설명한
다. '의식1'은 앞 찰나에 존재했다가 '의식2'를 일으키는 조건[緣]의 역
할을 하고는 곧 사라진다. '의식1'과 이어지는 '의식2를 만드는 조건'
사이에 시간적 간격이 없다. '의식1'이 곧 '의식2를 만드는 조건'이라는
것이다. 그래서 간격이 없는[無間] 인연, 등무간연(等無間緣)이라고

한다. 이과 같이 이미 발생한 결과(의식1)가 다음 순간의 결과(의식2)를 낳도록 돕는 연(緣)이 된다. 그것은 바로 의근이다. '앞의 마음'과 '뒤의 마음'은 연속되기 때문에 앞의 마음과 의근 사이에 간격이 없다. 앞의 마음이 곧 의근이라는 뜻이다.

1) 심상속(心相續, mind stream)의 신경과학

한 번 시작된 마음은 등무간연으로 꼬리에 꼬리를 물고 흐른다. 마음의 흐름을 심상속(心相續)이라 한다. 뇌과학적으로 보면, 한 번 시작한 뇌신경망 활성의 흐름은 계속 흐른다는 뜻이다. 신경망은 서로 연결되어 있기 때문이다. 그 뇌신경망 활성의 흐름을 의근이 포섭[감지]해 간다. 감지된 결과로 흘러가는 신경망 활성의 흐름이 의식에 들어와 내 마음의 흐름이 된다. 마음[의식]은 뇌신경망의 활성이 의근에 포섭된 결과이기 때문이다. 이와같이 신경망의 활성 즉 신경앙상블[30]은 법경이며 이는 의근의 포섭대상이고 의근에 포섭된 법경은 의식이 된다.

---

30) 앙상블(ensemble)은 합주이다. 여러 연주자가 동시에 연주하는 것을 합주라 한다. 이와 마찬가지로 여러 신경세포가 동시에 활성을 갖는 것을 신경앙상블이라 한다.

신경앙상블

마음을 작게 분해해보자. 예로서 어제 일어난 일을 생각하는 마음을 보자. '나는 어제 친구와 식사를 하였다'라는 마음에는 작은 조각들의 마음이 합해져 있다. '나', '어제', '친구', '식사' 등이 마음의 작은 조각들이고, 각 조각들의 마음은 또 더 작은 마음으로 구성될 수 있다. '친구'라는 마음은 친구의 여러 가지 속성들이 만든 것이기 때문이다. 친구의 얼굴모양, 키, 입었던 옷 등등 '친구의 얼굴모양'은 또 다시 더 작은 마음으로 이루어진다. 이렇게 마음을 작게 분해해 볼 때 마음을 이루는 가장 작은 단위를 마음의 단위라 할 수 있다.

마음의 단위를 이루는 신경망은 무엇일까? 마음의 단위는 곧 정보(기억)의 단위이다. 기억은 뇌신경망이기 때문에 마음의 단위는 하나의 정보를 대변하는 뇌신경회로망이다. 이는 신경세포들이 모여 연결된 신경앙상블(neural ensemble, 세포회합 cell assembly)이다. 하나의 앙상블을 이루는 신경세포의 수가 얼마나 되는지는 정보에 따라 다를 것이다.

앙상블은 오케스트라에서 연주자들이 이루는 소그룹에 해당한다. 콘트라베이스, 플룻1, 플룻2, 바이올린1, 2, 오보에, 바순 등등이 소그룹을 이루어 오케스트라의 각 파트가 된다. 각각의 파트를 앙상블이라 볼 수 있다. 오케스트라에 비유했지만 그 구성원의 수는 비교가 안 된다.

하나의 신경앙상블에 속하는 신경세포의 수는 상상을 초월할 수 있다. 또한 국소적으로 이루어진 신경망이 아니라 뇌 속에서 멀리 떨어진 구조들을 넘나드는 광범위한 앙상블이 될 수도 있으며, 하나의 신경세포가 다수의 앙상블에 속할 수도 있다. 마음은 이러한 신경세포앙상블[즉 세포들의 그룹, 세포회합]들이 차례로 혹은 함께 활성을 갖는 것이다.

캐나다의 심리학자인 Donald Hebb은 1949년에 출판한 그의 유명한 저서 '행동의 구성(The Organization of Behavior)'에서 신경앙상블의 개념을 "대뇌피질과 사이뇌[31]에 있는 신경세포들이 폐쇄회로계를 이루어 순간적으로 활성을 가지며, 유사한 다른 회로계를 활성화시킬 수 있는 구조"[32]라고 정의했다. 또한 기능적 필요에 따라 개별 신경세포는 복수의 다른 앙상블에 참여할 수도 있어 하나의 앙상블의 활성은 이어지는 다른 앙상블을 활성화시킬 수 있다. 아래그림에서 A → B → C → D → A와 같이 폐쇄회로로 연결된 신경세포들이 순간적으로 거의 동시에 나타내는 활성이 신경앙상블[앙상블 A-B-C-D)이다. 그리고 이 앙상블은 연결되어 있는 다른 앙상블[E-F-G-H-I]을 활성화시킬 수 있다.

---

31) 사이뇌(diencephalon) - 대뇌 가운데에 있는 시상, 시상하부, 시상상부, 시상밑부를 말한다.

32) A diffuse structure comprising cells in the cortex and diencephalon, capable of acting briefly as a closed system, delivering facilitation to other such systems.

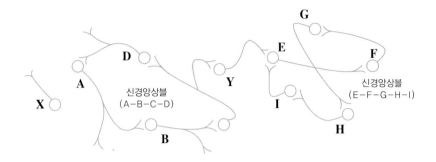

[신경앙상블 모식도]

신경세포 A, B, C, D는 서로를 활성화시키는 방식으로 연결되어 있다. 이런 연결에서는 하나가 활성화되면 짧은 시간에 모두 활성화된다. 이렇게 동시에 활성화되는 신경세포들의 폐쇄회로를 신경앙상블이라 한다. 앙상블리는 연결될 수 있다. 여기서는 Y 신경세포를 통하여 E, F, G, H, I 앙상블에 연결되었음을 보여준다.

'나'라는 정보는 나의 신체적 특성, 목소리, 행동, 성격 등등의 단위로 이루어져 있고, 각각의 단위들은 더 작은 아단위들로 구성되고, 그들은 또 더 작은 아아단위들로 이루어질 것이다. 이런 것들이 모두 신경앙상블들이다. 이들은 질서정연하게 서로 연결되어 복잡한 신경연결망을 이룰 것이다. 이 가운데 하나의 앙상블이 활성을 시작하면 연결된 신경망으로 활성이 퍼져나간다. 이 활성의 퍼져나감은 연관된 신경망들을 순식간에 활성화시킬 것이다. 예로서, 교실에서 자습하고 있는데 복도에서 들리는 발자국소리만 들어도 어느 선생님이 오시고 있다는 것을 우리는 금방 알아낸다. 발자국소리에서 시작한 뇌신경앙상블이 쫙 퍼져서 그 선생님과 관련된 모든 정보에 대한 신경앙상블을 활성화시킨 것이다. 뿐만 아니다. 그 선생님에 대한 생각은 이어지는 생각을 만든다. 선생님의 수업, 교실, 교실의 친구들 등등. 이러한 신경앙상블 활성의 퍼짐은 계속되어 심상속이 된다.

  아래는 심상속을 설명하는 모식도이다. 앙상블을 색으로 표시했다. 예로서 초록색 신경세포들은 폐쇄회로[33])를 이루는 앙상블을 이룬다. 앙상블의 활성은 다른 앙상블의 활성으로 이어진다(화살표).

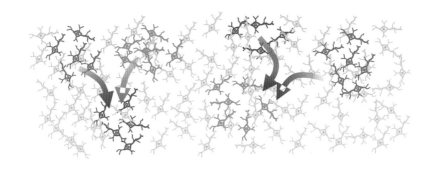

[신경앙상블 활성의 흐름]
이 모식도는 신경앙상블의 흐름을 보여준다. 동일한 색깔의 신경세포들은 따로 떨어진 것으로 보이지만 실제로는 이 신경세포들끼리는 서로 연결되어 앙상블을 이루고

---

33) 폐쇄회로는 말 그대로 닫힌회로이다. 원을 그리는 회로라는 뜻이다.

있다. 왼쪽 주황색 앙상블의 활성이 이와 연결된 초록색 및 자주색 앙상블을 활성화시킴을 보여준다. 이 경우는 앙상블이 퍼져나감을 보여준다. 오른쪽의 경우는 자주색 및 주황색 앙상블들이 초록색 앙상블로 수렴됨을 보여준다. 앙상블들이 퍼져나가는 것은 다양한 정보를 불러오는 과정, 수렴되는 경우는 하나의 결론으로 나아가는 과정이라 생각할 수 있다. 수렴되어 나중에 활성화되는 앙상블은 보다 더 고차원의 정보를 갖는다. 손의 예를 들면, 손가락 및 손바닥의 정보(앙상블)들이 모여서 손이 된다.[34]

연합신경망

우리는 물건을 정리할 때 아무 곳에나 쌓아놓지 아니 한다. 사용용도가 비슷한 것들은 같은 장소에 모은다. 도서관에 책을 보관하는 것이 좋은 예이다. 인문과학서적과 자연과학서적은 따로 분리하여 보관한다. 이러한 분류(카테고리)는 계속 가지를 치고 내려가 마지막으로 어떤 책이 놓여질 곳이 결정된다. 도서관의 책에는 이렇게 분류한 바코드(bar code)가 책마다 붙어있다.

뇌도 마찬가지다. 유사한 정보들은 가까이에 배치된다. 예로서 시각정보는 시각피질에서 청각정보는 청각피질에서 시작하는 신경앙상블에

---

34) 동영상 Neural Assembly Computing fundamentals.
　　https://www.youtube.com/watch?v=vUyuC6T9Wfo.

저장된다. '시각피질에 있는 앙상블', '청각피질에 있는 앙상블'이라고 하지 않고 '시각피질에서 시작하는 혹은 청각피질에서 시작하는 앙상블'이라고 한 것은, 시작은 거기에서 한 것이 분명하지만 어디까지 퍼져 나가는지 잘 모르기 때문에 그렇게 얼버무렸다. 같은 시각피질 내에서도 서로 관련이 있는 정보들에 대한 앙상블은 가까이 연결되어 있다. 예로서 어떤 친구의 모습에 대한 정보들은 서로 가까이 연결되어 있다는 것이다. 이렇게 관련이 있는 정보의 앙상블들은 서로 가까이 연결되어 있는데, 이러한 연결양상을 연합신경망(associative neural network)이라 한다. 관련이 있는 정보(기억)들은 서로 연관지어 저장되고 회상될 때도 연관지어 마음에 들어온다.

의근의 뇌신경과학

　본 장에서는 의근(마노, mano)의 신경상응(neural cor-relate)을 알아본다. 신경과학적으로 보았을 때 의근은 무엇인가 하는 문제이다. 의근은 법경을 포섭하는 감각기관이다. 법경은 뇌활성이기 때문에 현대과학적으로 의근은 뇌활성을 인지하는 신경망이다. 여기에서 설명하는 신경과학적 내용은 무척 어렵다. 아직 교과서에도 나오지 않는 깊은 내용들이 대부분이다. 아직 누구도 불교의 意根을 신경과학적으로 해석하려고 시도조차 하지 아니한 부분이다.

1. 뇌신경과학적으로 보면 意根은 무엇일까?

우리의 뇌에는 감당할 수 없을 만큼의 정보가 쏟아져 들어온다. 더구나 들어온 정보들은 이어지는 정보를 불러낸다. 이는 수많은 신경앙상블들이 시도 때도 없이 계속해서 돌림노래를 부르고 있는 상황과 같다고 비유하였다. 우리는 이들을 모두 인식할 수 없다. 따라서 이 가운데 특정한 돌림노래를 선택하여야 한다. 선택은 주의를 기울임으로 이루어진다. 혼잡한 돌림노래들 가운데 주의를 기울여 선택한 것은 의식에 들어온다. 의근이 접근하여 포섭하고 주의를 기울인 돌림노래는 의식에 들어와 또렷이 들린다. 신경앙상블 활성은 法境이다. 이 법경들은 감각기관인 의근이 접근(감지, 포섭)하는 감각대상이며, 의근에 포섭된 법경의 내용은 제6식인 意識이 된다. 전오경도 전오근에 감지되어 전오식이 되면 이는 곧 뇌활성이고, 그 활성은 法境이기 때문에 意根에 포섭되어 마음[의식]이 된다.

봄날 나른하게 졸고 있는데 어디에선가 반짝 섬광이 비치면, 섬광은 안근을 통하여 시각피질에 감각표상(percept: 신경앙상블의 활성)을 일으킨다. 뭔가 데굴데굴 굴러가는 소리는 이근을 통하여 청각피질에 감각표상을 일으킨다. 문득 뜬금없는 생각이 떠오를 수 있다. 문득 떠오르는 생각은 대뇌 어딘가에 갑자기 소용돌이치는 물결과 같은 신경앙상블의 활동이다. 주변환경에 있는 대부분은 무시되는데 왜 이런 좀 특이한 자극들은 감지될까? 무엇이 이런 돌출된 신경활동들을 감지하고 의식으로 불러들일까? 바로 의근의 역할이다. 의근은 '무언가 특이하거나 중요한 법경 즉 뇌활성'을 감지하고 선택하는 감각기관이다. 주의가 기울여진 법경은 활성이 커져서 의식에 들어온다.

1) 의근(意根) - 뇌의 특정 뇌활성 탐지 기능

대뇌피질에는 많은 뇌신경앙상블이 동시다발적으로 일어난다. 뇌신경앙상블들은 법경들(예, 생각)이다. 의근은 뇌에서 일어나는 많은 법경들 가운데 특별한 것을 선택한다. 특별한 것은 가치가 있거나 물리적으로 큰 뇌활성이다. 의근은 매우 빠른 속도로 여러 가지 법경들을 선택하여 작업기억에 불러들인다.

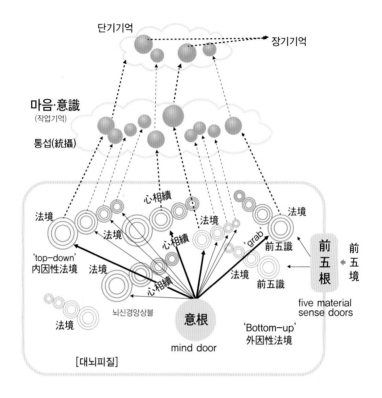

[의근의 역할]

대뇌피질에는 많은 뇌신경앙상블이 동시다발적으로 일어난다. 뇌의 고등기능부위에서 시작되어 떠오르는 생각이 있는가 하면 전오경이 전오근을 통하여 생성된 전오식들도 있다. 모두 뇌신경앙상블이다. 전자는 '위에서 아래(top-down)'로 뇌 속에서 시작한 내인성법경이고 후자는 외인성법경들이다. 시작된 앙상블(법경)들은 각기 이어지는 법경들을 만들어 나아간다(심상속). 의근은 많은 법경들 가운데 특별한 것을 선택한다(잡는다 'grab'). 이어지는 앙상블들(심상속)이 계속 선택되면 그쪽 방향의 마음이 이어진다. 의근이 여기저기를 옮겨가며 법경을 선택하면 생각이 여기저기를 배회한다. 하여간 선택된 법경들은 그 활성이 높아져 의식을 만들고 이는 곧 마음이 된다. 잠시동안 마음에 기억하는 것을 작업기억이라 한다. 의근은 빠른 속도로 여러 가지 법경들을 선택하여 작업기억에 불러들이기 때문에 여러 정보가 통합된 의식을 형성한다. 작업기억에 들어온 정보들 가운데 일부는 조금 더 긴 단기기억으로 가고, 일부는 더 나아가 장기기억으로 저장된다.

2) 의근은 특이하거나 중요한 뇌활성(법경)을 선별한다

대뇌피질에서는 뇌신경앙상블이 끊임없이 동시다발적으로 일어나고 있다. 모두 법경들이다. 의근은 이들 가운데 '특이하거나 중요한 대상'에 해당하는 법경을 포섭하여 의식에 불러들인다. '특이하거나 중요한 대상'은 우리가 주의를 기울여야 할 가치가 있다. 왜냐하면 그러한 것들의 대부분은 우리가 생존하는데 중요하기 때문이다. 우리는 그렇게 진화해 왔다. 별로 중요하지 않거나 특이하지 않는 대상에 주목할 필요가 없다. 우리의 뇌가 처리할 능력보다 더 많은 정보가 뇌로 쏟아져 들어오기 때문에 우리는 중요한 것에 관심을 기울일 수밖에 없다. 이처럼 특이하고 중요한 대상은 의식에 들어와 마음이 된다.

특이하고 중요한 정보는 살아가는데 중요하기 때문에 이를 처리하는 뇌부분은 뇌에 크게 반영되어 있다. 예로서, 뇌의 감각피질을 보면 시각피질영역이 다른 감각피질영역에 비하여 상대적으로 훨씬 크다. 왜 그럴까? 시각이 생존에 제일 크게 작용하기 때문이다. 냄새나 맛이나 청각이나 촉감보다 시각은 그만큼 생존에 크게 영향을 미치기 때문에 시각정보는 잘 분석하고 기억하여야 한다. 우리의 먼 조상인간이 사는 환경을 상상해보라. 어디에 가면 맛있고 영양이 풍부한 열매가 있으며, 어디에 가면 무서운 짐승이 있는지 잘 알아내고 기억해놓아야 한다. 그런 기능에는 후각이나 청각보다는 시각정보가 제일 중요하게 작용한다. 시각피질이 크다는 것은 그만큼 기능이 잘 발달되었다는 의미이다. 그만큼 시각처리 및 시각정보 기억능력은 잘 발달되었다. 현재도 이를 이용하여 기억하는 기술이 있다. '마음지도 그리기(mind mapping)'가 그 예이다. 기억의 내용을 그림과 연관시키는 방법이다. 그림은 시각이기 때문에 잘 발달된 시각능력을 활용하는 시각연관기억 방법이다.

3) 의근에 포섭된 신경앙상블의 활성은 커진다

뇌신경세포는 끊임없이 활동한다. 심지어 잠을 잘 때와 같이 적극적인 정신활동을 하고 있지 않을 때에도 뇌신경세포는 작동하고 있다. 다만 쉴 때와 일할 때는 활동정도에 차이가 있을 따름이다. 그렇기 때문에 몸무게의 2%밖에 되지 않는 뇌이지만 총 산소의 20%를, 총 포도당의 25%를 뇌가 소비한다. 이 가운데 60%는 활동전위를 만들어 전달하고 다시 준비상태로 되돌리는데 사용된다.[35] 이처럼 뇌활성 즉 법경은 끊임없이 활발히 생성되고 있다.

---

35) Engl, E. and Attwell, D. (2015) Non-signalling energy use in the brain. J Physiol. 593: 3417-3429.

뇌는 다양한 기능을 하는 단위들이 모여 있는 기능복합체이다. 외부 자극에 대한 감각반응만 생각하더라도 다섯 가지 감각기관에서 시작된 전오식이 동시다발적으로 일어난다. 하나의 반응이 시작되면 이 반응은 연결된 신경망에 전달되어 이어지는 앙상블활성이 일어나고, 이러한 과정은 파도처럼 계속 이어진다. 동시다발적으로 시작했으니 각각의 시작점에서부터 파도는 동시다발적으로 이어져 나간다. 밖에서 시작된 전오식 뿐 아니라 뇌 자체에서 시작된 생각의 앙상블도 마찬가지로 파도를 치며 이어져 간다. 뇌에서 일어나는 이러한 상황은 마치 수많은 사람(신경세포)들이 모인 대강당에서 일부 사람들들이 팀[신경앙상블]을 이루어 노래를 하면, 옆에 있는 다른 그룹[신경앙상블]이 노래를 이어받아 계속 이어지는 것과 같다. 군중들이 수많은 곳에서 이러한 돌림노래를 하고 있다고 가정하면 강당은 웅성거리는 노래소리로 가득 찰 것이다. 뇌는 이러한 상황과 비슷하다.

그런데 웅성거리는 강당에서 그 수많은 돌림노래들 가운데 내가 귀를 기울이는 노래는 또렷이 들린다. 이 선택된 노래가 의근이 접근하여 의식에 불러들인 신경앙상블에 해당한다. 하지만 노래하는 그룹이 너무 많다면 대부분의 노래를 나는 듣지 못한다. 즉, 대부분의 신경앙상블들에 나의 의근은 접근하지 못한다는 뜻이다. 그럼에도 앙상블들은 의근과 상관없이 스스로 흘러가며 돌림노래를 부른다. 이러한 돌림노래들은 뇌 속에서 끊임없이 계속된다. 의근의 선택을 받건 받지 않건 자동적으로 흘러가는 신경앙상블들이다. 선택을 받은 앙상블들은 의식에 들어오고 그렇지 못한 앙상블들은 무의식적으로 흘러간다.

뇌활성(신경앙상블)들 가운데 의근에 포섭되면 그 앙상블들에 속한 신경세포들은 격한 활동을 한다. 노래소리가 커진다고 볼 수 있다. '격하다' 혹은 '노래소리가 크다'는 것은 활동전위를 만드는 속도가 빠르다는 것이다. 신경세포가 만드는 활동전위의 크기는 어느 경우에나 100 mV로 일정하다. 신경세포의 활성이 높아진다는 것은 격발하는 속도가 빨라진다는 것이다. 의근에 포섭된 뇌신경앙상블 활성[격발]은 뇌파 가운데 가장 높은 주파수인 감마뇌파(40 Hz)를 생성하는 것으로 보인다. 즉, 감마뇌파를 생성하는 신경앙상블들은 의식 속으로 들어온다. 어떤 뇌활성(돌림노래, 신경앙상블)을 의식속으로 불러들일지는 의근이 결정한다. 이는 '뭔가 특이하고 중요한 것'들이다. 중요하거나 주변과 다른 특이한 것[앙상블들]들은 의근에 감지되고 선택된다. 의근은 뇌신경세포 앙상블의 활성 즉 법경을 선택하고 감지하는 감각기관이기 때문이다.

뇌를 오케스트라에 비유해보자. 현악기 군[바이올린(I, II), 비올라, 첼로, 더블베이스], 목관악기(피콜로, 오보, 플룻, 클라리넷, 바순, 콘트라바순 등), 금관악기(트럼펫, 코르넷, 트롬본, 호른, 튜바 등), 타악기(팀파니, 큰 북, 작은 북, 탐탐, 심벌즈, 트라이앵글, 공 등), 때로 오르간, 피아노 등의 건반악기도 참여한다. 각 악기군들은 각자의 악보에 따라 연주를 한다. 때로는 솔로도 하지만 대부분 동시다발적으로 연주를 한다. 각 악기군들이 동시다발적으로 연주를 하면 청중은 특정한 악기군의 소리를 잘 들을 수 없다. 그런데 지휘자가 어느 악기군의 연주가 주가 되게 유도를 하면 선택된 악기군의 연주가 강조되어 또렷하게 들린다.

오케스트라의 지휘자는 특정 악기들의 연주를 선별하여 드러나 보이게 한다. 지휘자에 의하여 선택을 받은 악기군은 크게 연주하기 때문에 그 앙상블은 또렷이 들린다. 지휘자가 의근에 해당한다. 의근은 특정 뇌신경앙상블을 선택하여 주의·주목하는 기능이다. 주의·주목된 앙상블은 활성이 높아져 감마뇌파를 만든다.

4) 의근은 법경을 선별하여 주의를 기울이는 기능이다

의식은 현재상황이며 의식의 내용들은 매우 짧은 시간 동안만 기억에 유지된다. 현재의 상황을 잠시 담아두는 기억을 작업기억(working memory)이라 한다. 마음에 들어온 정보(작업기억)들 가운데 중요한 것들은 단기기억(short-term memory; 약 20분 정도 기억)이 된다. 이들 가운데 더 중요한 정보들은 궁극적으로는 장기기억(long-term memory)으로 저장된다.

현대 인지심리학적으로 보면 의근은 뇌에서 일어나는 수많은 신경앙상블들의 활성 가운데 특정한 앙상블을 선택(selection)하여 주의(attention)로 불러들이는 것이다. 의근이 선택한 대상에 주의를 기울이면 의식이 생성된다. 마음이 생성된 것이다. 따라서 의근은 뇌의 '특정 뇌활성 탐지 기능'이라 할 수 있다. '특정 뇌활성'은 무엇인가 돌출된 활성이기 때문에 의근은 '돌출사건(salience) 탐지 기능'이다. 선택의 대상은 意根의 境인 法境이며 이는 뇌활성이다. 前五根이 받아들여 생성된 뇌활성도 法境이 되어 의근의 포섭 대상이 된다.

이러한 의근에 대한 뇌과학적 해석관점은 용어의 원래 의미와도 매우 잘 부합한다. 베다(Veda)라는 고대 인도 문헌에 따르면 意(manas)는 '만(man)'이라는 동사 어근에서 온 말인데, 'man'은 '생각하다(to think or mind)'라는 동사이지만 고대어인 베다어에서 '열망하다' '욕구하다' 의 뜻으로도 쓰이고 있다. 즉 어떤 인식대상으로 향하는 마음의 욕구 로서 '감각이 주는 메시지를 받아들이는 인식능력(perceiving faculty that receives the messages of the senses)'이다. [36] '감각이 주는 메시 지'는 뇌에 생성된 감각표상(감각지 percept), 즉 신경앙상블이며 불교 적 용어로는 전오식이다. 이를 수용하는 인식능력(즉, 根)이 意根이라 는 뜻이다.

부파불교 주석서에서도 意(마노, mano)는 전오식의 앞과 뒤에 나타 난다고 하였다. 전오식의 앞에서는 오문전향(五門轉向)의 역할을, 전 오식의 뒤에서는 받아들이는 마음 역할을 하여 조사하는 마음(의식)으 로 연결을 해 준다고 했다. 오문전향은 다섯 가지 감각문이 대상을 향

---

36) Manas (Sanskrit: मनस्, "mind") from the root man, "to think" or "mind" — is the recording faculty; receives impressions gathered by the sense from the outside world. It is bound to the senses and yields vijnana (information) rather than jnana (wisdom) or vidya (understanding). One of the inner instruments that receive information from the external world with the help of the senses and present it to the higher faculty of buddhi (intellect). http://veda.wikidot.com/manas

한다는 뜻이다. 따라서 意(마노, mano)는 감각문을 감각대상 쪽으로 향하게 하여 감각이 주는 메시지를 받아들이는 인식능력이라는 것이다.

5) 意根은 동시에 두 대상을 포섭하지 못하지만 빠른 속도로 대상을 주사(scan)하여 통섭한다.

> 21. "도반이시여, 다섯 가지 감각기능인 이들 눈의 기능과 귀의 기능과 코의 기능과 혀의 기능과 몸의 기능은 서로 다른 대상과 다른 영역을 갖고 있어 서로 다른 영역과 대상을 경험하지 않습니다.
>
> …… (중략) ……
>
> 도반이시여, 이들 다섯 가지 감각기능이 서로 다른 대상과 다른 영역을 갖고 있어, 서로 다른 영역과 대상을 경험하지 않지만 마음[意]이 그들 각자의 의지처이고 마음이 그들 각자의 영역과 대상을 경험합니다."
>
> [맛지마 니까야]
> 교리문답의 긴 경[Maha-vedalla Sutta (M43)][37]

---

37) 교리문답의 긴 경[Maha-vedalla Sutta (M43)]. 맛지마 니까야 제2권. p.303. 대림스님 옮김. 초기불전연구원. 2009.

전오근은 각자 서로 다른 대상과 다른 영역이 있어서 서로의 영역과 대상을 경험하지 않는다. 전오근은 각자 따로 활동한다는 뜻이다. 전오근과 이들의 경험[전오식]들의 의지처는 마음[意, 의근]이라고 했다. 의지한다는 것은 관리를 받는다는 뜻이다. 즉 전오근과 전오식들은 의근[意]에 의지하여 그 기능이 완성된다는 뜻이다. 마음[의근]이 그들 각자의 영역과 대상을 경험하기 때문이다. 경험한다는 것은 포섭한다는 뜻으로, 결국 의근이 전오식을 취합하여 통합한다는 뜻이다.

의근의 통합기능을 위의 그림으로 설명해보자. 위의 왼쪽그림에서 우리는 오리와 토끼를 동시에 볼 수 없다. 오른쪽 그림[38]에서는 노파와

---

38) W. E. Hill, "My Wife and My Mother-in-Law", Puck 78(2018), 11. (1915 Nov.
6). 이 만화는 작가미상의 독일인이 처음 그렸는 대 영국 만화가 힐(Hill)이 1915 재현하여 유명해진 착시현상(optical illusion) 그림이다.

소녀를 동시에 볼 수 없다. 의근이 동시에 두 대상을 포섭할 수 없음을 잘 보여준다. 대신 의근은 빠르게 옮겨 다니며 대상을 주사(scan)할 수 있다. 의근이 대상을 빠르게 옮겨가면 왼쪽 그림에서는 장구와 두 얼굴이 번갈아가며 또렷이 보인다. 오른쪽 그림에서는 소녀와 노파가 번갈아 또렷이 보인다.

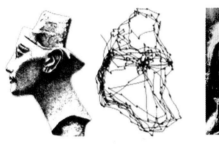  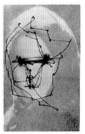

위 그림쌍[39]의 오른쪽 그림들은 왼쪽의 대상을 볼 때 우리 눈의 초점이 가는 곳을 추적한 것이다. 복잡한 그림이나 물체를 볼 때 우리는 그 대상 전체를 동시에 보는 것으로 생각한다. 하지만 이는 우리의 착각이다. 우리의 눈은 한 곳에 시선을 고정하여 보는 것이 아니라 대상 속을 옮겨 다닌다. 중요하고 관심이 높은 곳 - 많은 정보를 가진 곳 -

---

39) A.L. Yarbus, Eye Movements and Vision. New York: Plenum Press, 1967. (Translated from Russian by Basil Haigh. Original Russian edition published in Moscow in 1965.)

에 집중적으로 시선이 간다. 이는 우리의 意根이 중요한 곳을 중심으로 빠른 속도로 옮겨가면서 포섭함을 의미한다. 의근은 한꺼번에 대상 전체를 포섭하는 것이 아니라 대상의 조각조각들을 빠른 속도로 포섭하여 모은다. 이때 많은 정보를 담고 있는 조각을 더 자주 포섭한다. 전체를 이해하는데 중요한 부분이기 때문이다. 작게 조각을 내어 정보를 얻는 것을 주사한다(scan)고 한다. 훑는다는 뜻이다.

이와 같이 의근은 대상을 빠른 속도로 포섭하여 의식(마음)에 불러들인다. 외부에 있는 전오경에 의하여 생성된 뇌활성 뿐 아니라, 뇌 속에서 시작된 뇌활성도 모두 법경이 되고 의근은 이들을 빠른 속도로 포섭하여 의식 속으로 불러와 통합하여 하나의 큰 장면으로 보이게 한다. 이는 우리가 전체를 동시에 보는 것으로 착각하게 만든다. 하지만 사실은 작은 부분들을 합하여 하나의 큰 그림을 그린다. 워낙 빠르게 조각들을 합하기 때문에 우리는 전체를 동시에 보는 것으로 착각한다.

2. 등무간연(等無間緣)과 意根,意識의 상관관계

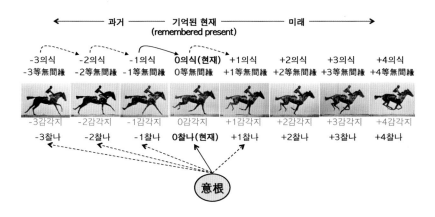

[찰나의 흐름과 의식]

현재의 찰나(0찰나)에 보면 과거는 흘러간 찰나들이다. 「구사론」에 따라 설명하자면 -3찰나에서 생성된 의식은 등무간연이 되어 -2찰나의 의식을 만들고 -3찰나의 의식과 -2찰나의 의식이 서로 비교되어 의식의 의미가 도출된다. 현재찰나의 의식은 바로 지난 찰나(-1찰나)의 의식이 의근이 되어 만들어졌고 미래찰나(+1찰나)를 불러일으키는 의근이 된다. 각 찰나에는 생성된 감각지가 머무른다. 현재찰나는 현재의 감각지(0감각지)가 기억에 머무르는 시간이다. 따라서 현재의 의식은 기억된 현재(remembered present 현재를 기억함)이다. 현재의 의식은 사실 현재의 감각지가 의근에 포섭되어 만들어진 것이다. 과거의 의식들도 각 찰나에 생성되었던 감각지들을 의근이 포섭하여 만든 것이다.

「아비달마구사론」에서 의근은 과거로 사라진[落謝] 직전의 마음이라고 설명한다.[40] 위 그림은 경마에서 기수가 말을 달리고 있는 연속사진이다. 현재 찰나(0찰나)를 기준으로 보았을 때 -3찰나에서부터는 '말의 앞다리가 앞으로 간다'는 의식을 0부터 +4찰나에서는 '뒷다리로 박차서 앞으로 간다'는 의식이 일어난다. 전체적으로 보면 '기수가 말을 달린다'라는 의식이 생긴다. 더 짧게 나누어 찰나찰나마다 생기는 의식을 보면 더 작은 움직임에 대한 의식이 생긴다. 이때 앞찰나의 의식과 현재의 의식을 비교하여 의식의 의미가 생성된다. 전찰나에서의 다리 위치가 현찰나에서는 앞으로 나아갔기 때문에 우리는 '말이 다리를 앞으로 뻗어 달린다'라는 의미를 도출한다.

한 점 식이 생성되어 소멸되는 시간이 1찰나이다. 더 짧은 시간에 일어나는 현상은 인식할 수 없다. 안식의 경우 1찰나에 하나씩 즉 1초에 75개의 식을 생성한다.[41] 식은 대상을 의근이 포섭하여 만든다. 안근은 1초에 75곳(대상)을 두드려 스냅사진을 찍어 일차시각피질로 보낸다. 이렇게 융단폭격처럼 시각피질에 밀려들어오는 스냅사진들에 의근이 접근하여 그것들이 무엇인지 식별하여 식을 생성하고, 사진들 서로 간의 관계를 비교·해석하여 식의 의미를 도출한다.

---

40) 落謝, 산스크리트어: abhyatīta, 티베트어: zhigs par gyur pa, 영어: falling into the past
41) 1찰나는 1/75초이다. 즉, 75찰나가 1초에 해당한다.

시각피질에 맺히는 스냅사진은 안식이다. 스냅사진은 찰나에 생겨나고 찰나에 멸한다. 멸하는 스냅사진은 생하는 스냅사진에 자리를 양보한다. 즉, 멸하는 스냅사진은 등무간연(等無間緣)[42]이 되어 다음 스냅사진을 생기시키고 자신은 과거로 사라진다[落謝한다]. 낙사한 육식이 바로 의근이라고 「아비달마구사론」은 설명했다.[43] 방금 지나간 스냅사진이 의근이라는 것이다. 그리고 앞과 뒤의 안식을 비교하여 현재 안식의 의미가 부여된다는 것이 김성철교수의 설명이다.[44] 이를 그림으로 그려보면 다음과 같다.

---

42) 등무간연(等無間緣)은 찰나 생멸하는 법의 흐름에서 '어떤 시점의 법이 발생할 때 시간적으로 간극 없는(無間) 바로 앞 찰나에 존재했다가 조건(緣)의 역할을 한 후 즉각 사라지는 법'이다. [실용 한-영불교용어사전]에서는 다음과 같이 설명한다. 사연(四緣)의 하나. 심(心) 또는 심소(心所)가 전염(前念)과 후념(後念)으로 옮겨 변할 때, 전염에 없어진 마음이 길을 열어 뒤에 나타나는 마음을 끌어 일으키는 원인이 되는 것을 말함. 이는 마치 두 사람이 외나무다리에서 만났을 때, 한 사람이 양보하지 않으면 지나갈 수 없음과 같다. The antecedent condition in the uninterrupted similar mental flow: It refers to the immediately preceding moment in the stream of thought that facilitates the subsequent emergence of another thought by extinguishing itself, just like a man yielding the way for the approaching man on a single log bridge.

43) 세친 지음, 현장 한역, 권오민 번역, 31-32 / 1397쪽. 6식(識)이 (과거로) 전이한 것을 의계(意界)라고 한다. 六識轉爲意

44) 자기의 대상과 인접한 대상의 共助에 의해, 즉 감각지에 의하고 등무간연에 의해 발생하는 것이 의식이다. 김성철 (2015) 불교와 뇌과학으로 조명한 자아와 무아. 불교학보 (동국대학교 불교문화연구원) 제71집, 9-34.

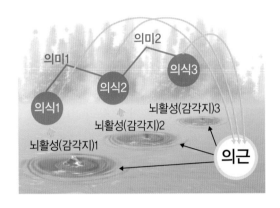

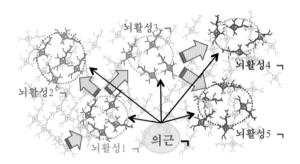

[등무간연과 의근]

위쪽그림에서 마음이 흘러가는 것을 '물수제비' 뜨는 것에 비유하였다. 각각의 동심원
물결은 피질에 맺힌 뇌활성(감각지)에 비유된다. 감각지1은 의근에 포섭되어 의식1
을 만든다. 의식1은 바로 의근이 된다(노란색 화살). 의식1 그자체가 의근이다[等無
間緣]. 등무간연1은 감각지2를 포섭하여 의식2을 만든다. 의식2는 등무간연으로 의
근이 된다(노란색 화살). 이는 다시 감각지3을 포섭하여 의식3을 만든다. 의식의 의
미는 전찰나의 의식과 후찰나의 의식을 비교한 상관관계에서 나온다. 아래쪽그림은
신경세포로 가득찬 대뇌피질의 모식도이다. 뇌활성들이 이어서 일어나고 의근은 그
뇌활성들에 접근하는 것을 표시하였다. 의근이 접근하여 뇌활성을 포섭하면 의식이
된다.

위 그림에서 의식과 의근의 관계에 주목하라. 「아비달마구사론」에서 전찰나의 의식은 등무간연으로(간격없이) 후찰나 의식의 의근역할을 한다고 하였다(그림의 노란색 화살). 그런데 사실 전찰나와 후찰나 의식들 사이에는 의근이 법경(감각지, 신경활성)을 포섭하는 과정이 있다(그림의 검은색 화살). 이 과정은 「아비달마구사론」의 설명에서는 생략되어 있다. 따라서 보다 구체적으로는 '의근의 역할은 현찰나의 감각지를 포섭하는 것'으로 보아야 한다.

3. 의근의 신경근거 : 뇌의 에러탐지 신경망

지금까지 경장과 논서에서 설명하는 의근에 대하여 알아보았다. 방금 지나간 마음이 의근인데, 보다 구체적으로 보면 뇌에 맺힌 감각지(법경)를 포섭하는 능력이 의근이라고 했다. 이 능력[의근]의 정체(identity)는 무엇일까? 의근은 전오근과 달리 외부에서 보이지 않는다. 의근은 대뇌 속에 있으며, 법경(뇌활성)에 대한 감각기능을 갖는 신경망이다. 의근의 신경근거(neural correlates of mano, NCM)는 무엇일까? 한마디로 말하면 뇌의 에러탐지 신경망이 의근의 신경근거이다. 에러는 주변과 다른 '특별한' 혹은 '돌출된' 법경이다. 뇌에는 수많은 뇌활성이 동시다발적으로 일어난다고 했다. 또한 정보처리의 단계 측면에서 보면 정보처리의 시작단계에서부터 처리의 최종단계가 있다. 최종단계의 뇌활성은 전전두엽에 모이게 된다. 전전두엽이 최고위 정보처리부위이기 때문이다. 따라서 의근은 전전두엽에 있다. 전전두엽으로 들어오는 최종단계의 뇌활성을 포섭하는 감각기관이 의근이기 때문이다.

1) 전전두엽의 구조와 기능

의근의 신경근거가 위치하는 전전두엽에 대하여 간단히 살펴보자. 전전두엽은 전운동피질(prefrontal cortex)보다 앞쪽부위를 지칭한다. 여기에는 등쪽가쪽전전두엽(dorsolateral PFC, dlPFC), 앞대상피질(anterior cingulate cortex, ACC), 브로카영역(Broca's area), 그리고 전두엽의 안쪽 및 안와구역(medial and orbital regions of the frontal lobes)이 속한다.

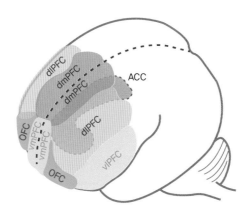

[사람 전전두엽]
약간 기울여진 사람뇌에서 전전두엽을 기능적 부위로 나누어 표시하였다. 점선은 좌우반구를 나누는 정중시상면을 표시한다. ACC는 밖에서는 보이지 않는 속구조이다. dlPFC (dorsolateral prefrontal cortex 등쪽가쪽 전전두엽), dmPFC (dorsomedial prefrontal cortex 등쪽안쪽 전전두엽), vmPFC (ventromedial prefrontal cortex 배쪽안쪽 전전두엽), vlPFC (ventrolateral prefrontal cortex 배쪽가쪽 전전두엽), OFC (oribital frontal cortex 안와전두엽), ACC (anterior cingulate cortex, 앞대상피질)

전전두엽은 관리기능(executive function)을 한다. 관리기능은 인지신호처리과정(cognitive processing)에서 주의를 기울이고(paying attention), 행동을 구성 및 계획하고(organizing & planning behaviors), 주어진 과제를 시작하고 집중하며(initiating & focusing tasks), 감정을 조절하고(control emotion), 자가점검(self-tracking) 등을 행하는 뇌의 최고위기능이다. 이러한 최고위 관리기능을 하기 위해서는 뇌의 전반적인 하부구조들로부터 정보를 받아야 하고, 이를 처리하고 그 결과정보를 다시 하부구조들에 전달할 수 있어야 한다. 이렇게 함으로써 뇌의 다양한 부위에서 일어나는 신경활성들을 인지하고, 적절한 대응관리를 할 수 있다. 이를 '위에서 아래로 관리(top-down guidance)'라 한다. 전전두엽이 가장 높은[top] 뇌기능이라고 간주하기 때문에 '위에서 아래'로 관리한다는 의미이다. 이러한 관리기능 과정에서 의근은 하부구조로부터 올라오는 정보를 탐지하여 뇌의 다양한 부위로 전달하는 기능을 한다.

2) 뇌의 인지조절계통

대뇌피질에는 인지기능을 통괄하여 조절하는 인지조절계통(cognitive control system)이 있다. [45)46)]이 조절계는 매우 큰 신경망으로 다음과 같은 특성이 있다.

첫째, 다수의 대뇌피질 부위들로 이루어져 있으며, 이 부위들은 서로 매우 강하고 광범위하게 연결되어 있다.

둘째, 여러 개의 하위계통(subsystem)들로 구성되어 있으며, 각기 서로 다르지만 보완적인 기능을 한다. 예로서, 우리는 의도적으로 어떤 대상을 찾아서 이에 집중하다가 다른 어떤 인지대상이 갑자기 나타나면 그것에 주의가 간다. 이 과정을 인지조절 과정으로 보면, 전두-두정 신경망(fronto-parietal network, FPN) 하위계통은 인지과정 전체를 통괄하며, 인지대상을 의도적으로 찾고 상황에 적응하여 적절한 인지 대상을 재빨리 선택하는 기능은 등쪽주목신경망(dorsal attention network, DAN) 하위계통이고, 주목하는 과정 중에 예상하지 아니한 자극(즉, 돌출자극)이 나타나면 이에 반응하여 다른 대상으로 주목을 옮겨가게 하는 것은 배쪽주목신경망(ventral attention network, VAN) 하위계통이다.[47] 한편 대상-덮개피질신경망(cingulo-opercular network, CON) 하위계통은 선별된 대상에 주의가 지속되도록 집중하는

45) Cole MW, Repovš G, Anticevic A. The frontoparietal control system: a central role in mental health. Neuroscientist. 2014 Dec;20(6):652-64. doi: 10.1177/1073858414525995.

46) Vossel S, Geng JJ, Fink GR. Dorsal and ventral attention systems: distinct neural circuits but collaborative roles. Neuroscientist. 2014 Apr;20(2):150-9. doi: 10.1177/1073858413494269.

47) Corbetta M1, Shulman GL. Control of goal-directed and stimulus-driven attention in the brain. Nat Rev Neurosci. 2002 Mar;3(3):201-15.

기능을 한다. 이와같이 하위계통들은 서로 보완 협조한다.

셋째, 이 조절계통, 특히 전두-두정 하위계통(PFN)은 뇌 전체에 걸친 광범위한 연결을 하고 있다. 이렇게 넓게 분포하는 신경망으로 다른 하위계통들과 밀접한 연결을 하고 있어 인지조절계통 전체를 통괄할 수 있다.

넷째, 인지조절계통과 다른 기능계통과의 기능적 연결은 현재 과제의 요구에 따라 거기에 맞게 조합되어 업데이트된다. 인지는 외부환경의 자극 뿐 아니라 내면적 신호에도 반응하여야 한다. 이를 위하여 외부환경의 신호를 처리하는 시각계통, 청각계통 등 감각기능망과, 겉으로 들어나지 않는 내면적 사적 대화(생각)을 처리하는 기본모드신경망(default mode network, DMN)과 긴밀이 연결되어 있다. 이러한 연결을 통하여 매 순간 적절한 인지대상을 선별하고 처리한다.

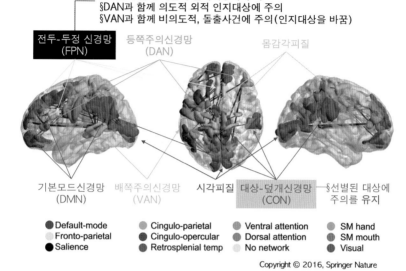

인지조절 총괄
§DMN과 함께 내면적 인지대상에 주의
§DAN과 함께 의도적 외적 인지대상에 주의
§VAN과 함께 비의도적, 돌출사건에 주의(인지대상을 바꿈)

전두-두정 신경망
(FPN)

등쪽주의신경망
(DAN)

몸감각피질

기본모드신경망
(DMN)

배쪽주의신경망
(VAN)

시각피질

대상-덮개신경망
(CON)

§선별된 대상에
주의를 유지

- Default-mode
- Fronto-parietal
- Salience
- Cingulo-parietal
- Cingulo-opercular
- Retrosplenial temp
- Ventral attention
- Dorsal attention
- No network
- SM hand
- SM mouth
- Visual

[인지조절계통]

대뇌피질에 있는 다수의 하위계통(subsystem)으로 이루어진 인지조절계통을 보여준다. 전두-두정계통신경망(fronto-parietal network, FPN)은 전체 인지기능을 통괄한다. 작게 표시되어 있지만(노란색) 실제로는 넓게 분포하는 광범위한 신경망이다. 등쪽주목신경망(dorsal attention network, DAN)은 의도적으로 인지대상을 찾아 주목하는 기능을 한다. 반면에 배쪽주의신경망은 인지과정 중에 무언가 돌출자극이 나타나면 그쪽으로 인지를 옮겨가게 한다. 대상-덮개계통은 선별된 대상이 주목에서 사라지지 않도록 유지한다. 한편 전두-두정신경망은 기본모드신경망과 함께 내면적 자극(생각)을 인지한다. 몸감각피질, 시각피질 등도 표시하였다.

인지조절계통은 '마음의 면역계통'

인지조절계통에 손상을 입으면 다양한 정신질환이 일어난다.[48] 조현병(schizophrenia), 조울증(bipolar disorder), 집착-강박증(obsessive-compulsive disorder anxiety disorder), 식음질환(eating disorder), 자폐증(autism), 주의결핍(ADHD), 외상후증후군(post-traumatic stress disorder), 주요 우울증 등 많은 정신질환이 인지조절 손상에 의하여 일어난다. 반면에 효율적인 조절계통을 유지하면 다양한 정신질환에서부터 보호되게 될 것이다. 따라서 인지조절계통은 '마음의 면역계통(immune system of the mind)'이라 할 수 있다.

3) 인지과정의 두 단계 : 대상선택과 주의유지

인지과정에 있는 뇌를 기능성자기공명장치(fMRI)로 촬영해보면 3가지 신호가 나타난다.

첫째, 특정 과제의 인지시작과 함께하는 신호
둘째, 인지과제를 수행하는 동안 일정한 수준으로 유지되는 지속 신호

48) Hearne, L., Mattingley, J. & Cocchi, L. Functional brain networks related to individual differences in human intelligence at rest. Sci Rep 6, 32328 (2016).

셋째, 에러와 관련된 되먹임(feedback, 반영) 신호

아래 그림에 이러한 과정을 표시하였다.

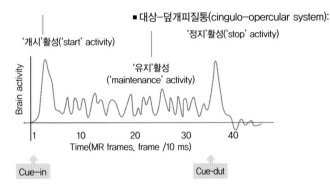

전두-두정 조절계통(fronto-parietal control system) : 통괄조절

■ 등쪽주목계통 : 시작단서를 제공
('start-cue' instantiation)
■ 배쪽주목계통 : 단서전환 (adaptive on-line control)

■ 대상-덮개피질통(cingulo-opercular system):

'정지'활성('stop' activity)

'개시'활성('start' activity)

'유지'활성
('maintenance' activity)

Brain activity

Time(MR frames, frame /10 ms)

Cue-in

Cue-dut

[인지과정의 뇌활성]

인지를 하고 있는 과정의 뇌를 fMRI로 촬영한 영상을 근거로 시간의 흐름에 따른 뇌
활성을 그래프로 표시하였다. 인지단서(cue)를 제시하면 인지의 '개시'와 관련된 뇌
활성이 일어난다. 그 후 일정한 수준의 '유지'활성이 일어난다. 그 인지단서를 분석하
는 과정이다. 유지활성 동안에는 분석과정에서 일어나는 '에러'분석에 대한 신호도 나
타난다(여기서는 표시하지 않았다). '개시'활성은 등쪽 및 배쪽 전두-두정계통, '유지'
활성은 대상-덮개피질계통의 기능이며 전두-두정 조절계통은 인지과정 전체를 통괄
조절한다.

인지의 개시와 유지

● 인지의 개시 : 인지대상 선택

인지를 '개시'하기 위해서는 대상을 선택하여야 한다. 외부의 인지대상을 선택하여 인지의 내용을 제공하는 뇌신경망은 전두-두정계통(fronto-parietal system), 등쪽주의계통(dorsal attention system) 및 배쪽주의계통(ventral attention system)이다. 등쪽주목계통은 의도적으로 인지대상을 찾아 선별하며, 인지활동 중에 갑자기 돌출자극이 나타나 다른 대상으로 주의가 옮겨가게 하는 것은 배쪽주목계통의 기능으로 보인다. 이 두 신경망은 인지과제의 내용(그림, 글자, 소리 등 인지대상)을 선별하는 신경망으로 불교적으로 보면 의근(마노)이며, 실험에서 나타나는 개시신호는 의근이 법경을 포섭하는 과정이다. 대략 50 밀리초(ms; 1/1,000초)가 걸린다. 등쪽 및 배쪽주의신경망들은 전두-두정계통과 밀접하게 연결되어 있으며 이의 조절(지배)를 받는다.

한편 외부환경에 존재하는 인지대상이 아니라 내면적 마음에 존재하는 인지대상은 기본모드신경망(default mode network)이 감지한다. 나와 관련된 내면적 생각은 기본모드신경망의 기능이기 때문이다. 기본모드신경망 또한 전두 - 두정계통과 밀접하게 연결되어 이의 지배를 받는다.

● 인지의 유지

'개시'신호에 이어서 나타나는 '유지'신호는 선택된 과제를 분석하는 과정을 나타낸다. 이는 대상-덮개피질계통(cingulo-opercular system)의 기능으로 인지활동을 지속(sustained activity, maintenance)시키는 활성이다. 불교적으로는 사마디(samādhi 삼매, 집중) 기능에 해당한다고 볼 수 있다. 선택된 대상을 분석한다는 것은 그것이 무엇인지 안다는 것이다. 이는 선택된 대상이 '그것이 무엇일 것이라는 예측'과 같은지 다른지를 비교하는 것이다. 맞으면 다음단계로 넘어가 심층 분석하고, 판단하는 과정이 따른다. 예로서, 사과를 보았을 때 사과인지 아니면 다른 과일인지 맞추어 보는 과정이 시작이다. 온전한 사과를 보았을 때는 이 과정은 매우 간단하다. 하지만 거의 다 먹고 조금 남아있는 사과를 보았을 때는 간단하지 않다. 사과인지 배인지 아니면 다른 과일인지 자꾸 비교분석하여야 한다.

이와같이 등쪽 및 배쪽주의계통과 기본모드신경망은 전두-두정계통과 밀접한 관계를 지어 인지내용의 시작단서를 제공하고, 대상-덮개피질계통은 인지활동의 지속을 유지한다. [49] 이처럼 인식과정은 대상의 선택과 유지과정으로 되어 있다. 이 모든 과정은 전전두엽에 광범위하

49) Dosenbach NU1, Visscher KM, Palmer ED, Miezin FM, Wenger KK, Kang HC, Burgund ED, Grimes AL, Schlaggar BL, Petersen SE. (2006) A core system for the implementation of task sets. Neuron 50(5):799-812.

게 퍼져 분포하는 전두-두정신경망(fronto-parietal system)이 총괄하여 조절한다. 따라서 이는 불교적으로 보면 싸띠(sati)의 기능에 해당하며, 현대 신경과학적 용어로는 주목(attention)이라고 볼 수 있다.

진화적 측면

한편 대상을 선택하는 뇌회로[전두-두정(fronto-parietal) 계통 신경망]와 선택된 대상을 유지하는 뇌회로[대상-덮개피질계통(cingulo-opercular system)]는 서로 분리되어 진화한 것으로 보인다. 선택한 대상을 유지하는 기능은 보다 나중에 진화하였으며 사람에게서 가장 잘 발달하였다. 따라서 사람은 다른 동물에 비하여 보다 더 깊이가 있고 오래 지속되는 주목을 유지할 수 있다. 또한 이 기능은 어른이 될수록 더 강하게 된다. 성인이 더 오래 주목할 수 있는 이유이다.

반면에 대상을 선택하는 뇌회로는 보다 오래 전에 진화하였으며 많은 동물들이 사람보다 더 잘 발달된 대상선택 뇌회로를 갖는다. 이는 동물들이 사람보다 더 민첩하게 자극에 반응함을 보면 알 수 있다.

인지신경망의 진화와 거대방추체신경세포(VEN)의 출현

돌출신호를 탐지하는 뇌기능 부위에는 VEN(von Economo neuron; spindle neuron 거대방추체신경세포)이 나타난다. VEN은 위 및 아래 방향으로 긴 가지돌기를 뻗는 거대한 방추체 모양의 신경세포로, 영장류에서 나타나며(고래 등 일부 지능적 동물에서도 나타남) 사람뇌에 가장 잘 발달되어 있다. 이 거대한 신경세포가 신호(법경)를 감지할 뿐 아니라 뇌의 광범위한 부위에 신호를 재빨리 보내어 뇌의 인지신경망을 관리하는 것으로 추정된다.

인지실수(에러)와 되먹임(feedback) 신호

인지과정에서 실수는 필요불가결하다. 단 한 번에 정확한 인지를 할 수 없기 때문이다. 따라서 인지에러를 보완하기 위한 되먹임은 필수적이다. 이 기능은 동물의 진화에서 매우 이른 시기에 발달한 것으로 보인다. 이는 운동인지에서 보다 쉽게 이해할 수 있다. 오래 전 우리의 조상이 팔을 뻗어 열매를 따거나 돌맹이를 던져 짐승을 사냥하는 운동을 상상해보자. 목표물을 대상으로 수행한 운동이 틀릴 경우 예측한 운동 설계와 운동결과의 차이 즉 에러가 다음 운동인식에 되먹임되어 운동의 수정이 일어난다.

에러의 되먹임은 운동인지가 아닌 경우에도 일어난다. 예로서, 군중 속에서 사람을 찾을 경우 한 사람을 선택하여 '찾고 있는 사람'과 비교, 분석, 판단한다. 찾는 사람이 아니면(에러가 발생하면) 에러를 되먹임하여 다른 사람을 선택하고 비교, 분석, 판단한다. 이 과정은 에러가 발생하지 않을 때까지(찾고자 하는 사람을 찾을 때까지) 계속된다. 이와같이 인식과정은 에러신호의 되먹임(반영)이 반드시 포함되는데 여기에는 소뇌(cerebellum)가 관련된다(Box 3-1을 보라).

4) 의근은 특정 뇌활성(법경)을 선택하는 '돌출자극탐지(salience detection)' 기능 신경망이다

전오근과 달리 의근은 뇌 속에 있는 감각기관으로 법경(뇌활성)을 감지하는 신경망이다. 뇌에는 많은 신경망이 동시에 활성을 갖기 때문에 특별하게 돌출되는 법경이 선택된다. 주변의 다른 것들과 달리 돌출되는 자극(salience)은 '의근'에 탐지된다. 의근에 탐지되어 주의가 기울여진 대상(법경, 뇌활성)은 의식으로 들어와 그 의미가 해석된다. 여기서 주의해야 할 것은 돌출자극이 반듯이 물리적으로 큰 자극을 의미하는 것이 아니라 '중요한 가치를 갖는 자극'으로 보아야 한다.

다음 그림에서 연꽃에 앉은 잠자리를 주시하는 상황을 보자. 시야의 여러 시각대상들 가운데 연꽃에 앉은 잠자리에 대한 상이 의근에 선택되었다. 선택된 이유는 다른 시각대상들에 비하여 이것이 더 흥미롭고 지켜볼 가치가 있어서 일 것이다. 뇌는 뭔가 특이하거나 가치가 있는 대상에 먼저 관심이 간다. 잠자리와 연꽃의 상은 망막, 시상을 거쳐 시각피질로 들어오고 궁극적으로 전전두엽(PFC)에 도달하면 연꽃에 앉은 잠자리가 인지된다(의근에 포섭된다). 주의를 딴 곳으로 옮기지 않고 주목하면(의근이 잠자리에 계속 머무르면) 우리는 그 장면을 계속 주시하여 시각정보를 받아들이고 그 의미를 분석한다.

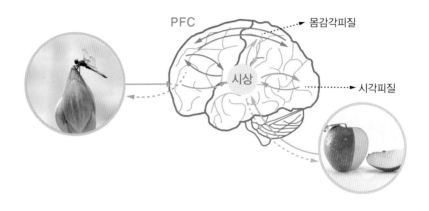

[감각대상의 선택 및 주의·주목]

시각의 경우 시야에 있는 많은 시각대상 가운데 여기서는 연꽃에 앉은 잠자리를 선택했다. 연꽃과 잠자리에 대한 상은 망막에서 활동전위로 바뀌고 이는 시상을 거쳐 시각피질로 들어오고, 이는 궁극적으로 전전두엽(PFC)으로 전달된다. 피질과 시상 및 피질과 피질 사이에는 서로 주고받는 연결(reentrant connection)이 되어 있어 감각처리신호 경로의 활성을 증가시킨다. PFC의 명령은 '위-아래(top-down)'로 시행되어 연꽃과 잠자리에 주의·주목한다. 사과에 대한 촉감도 마찬가지로 선택되고 주의·주목할 수 있다.

한편 망막에 맺힌 상에 대한 신경활성이 뇌로 들어오면, 뇌에서는 시상 ⇄ 피질, 피질 ⇄ 피질 사이가 서로를 자극하는 재진입방식으로 연결되어 있기 때문에 서로를 자극하여 신호의 활성을 높인다. 활성이 높아지면 그 신경활성은 의식에 들어오고 우리는 거기에 더 주의·주목하여 그 의미를 파악한다.

의미를 파악하는 과정은 두 단계로 생각할 수 있다. 첫 단계는 감각지(법경)의 정체를 알아내는 단계로, 이는 감각피질 ⇄ 다른 대뇌피질 사이의 연결을 통하여 대뇌피질의 다양한 부위에 저장된 기억정보와 감각지를 비교하여 감각지의 정체를 결정하는 과정이다. 틀린 판단을 하면 다른 기억정보와 비교하며 이러한 과정은 올바른 판단을 할 때까지 지속된다. 보통 이는 매우 빠른 시간동안에 이루어지기 때문에 우리는 순간적으로 판단한다고 느낀다. 두 번째 단계는 감각지의 의미를 알아내는 단계이다. 감각지의 정체가 밝혀지면 감각지와 관련된 여러 가지 기억정보들이 작업기억에 올라와 그 의미가 해석된다.

이와같이 법경의 인식과정은 대상(뇌활성)을 선택(selection)하고 유지(maintenance)하여 그 의미를 파악하는 복잡한 신호전달과정이다. 이 과정 가운데 의근의 역할은 어디까지로 보아야 할까? 의미를 파악하는 과정은 뇌 전체의 기능이기 때문에 뇌 전체를 의근으로 보는 것은 합리적이지 않다. 의근은 감각기관으로서 '법경을 감지하여 그것의 의미를 파악하는 뇌부위로 신호를 전달하는 신경망'으로 한정하는 것이 합리적인 것 같다. 이는 전오근이 전오경을 감각하여 대뇌에 전달하는 기능과 잘 대응된다. 대뇌에 전달된 감각지(전오식, 이는 다시 법경이 된다)를 감각[포섭]하여 의미파악[해석] 뇌부위로 전달하는 기능이 의근의 역할이다.

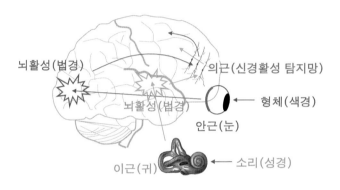

[의근, 안근, 이근의 기능 비교]

안근(눈)은 형체(색경)를 포섭하고 활동전위(action potential)로 변환하여 이를 시상을 거쳐 대뇌의 시각피질로 보낸다. 이근(귀)은 소리(성경)를 포섭하고 이를 활동전위로 변환하여 시상을 거쳐 대뇌의 청각피질로 보낸다. 이와 같이 감각기관인 전5근은 특정 대상을 감각하여 이를 분석하는 특정 대뇌피질 부위로 보낸다. 마찬가지로 의근도 특정 대상을 감각하여 그 대상을 분석하는 다른 뇌부위로 신호를 보낸다. 의근의 포섭대상은 법경(뇌활성)이며, 의근은 특정 뇌활성(법경)을 탐지하는 뇌신경망으로 전전두엽에 있다.

의근은 뇌에 동시다발적으로 일어나고 있는 많은 뇌활성(법경) 가운데 하나를 선별하여 감각하는 감각기관이다. 이에 해당하는 뇌신경회로, 즉 의근의 신경근거는 전두-두정 신경망(fronto-parietal network), 등쪽주의신경망(dorsal attention network), 배쪽주의신경망(ventral attention network) 및 기본모드신경망(default mode network)들이다. 이에 대한 자세한 설명은 추후에 하겠다.

意(manas)의 어원

위와 같은 의근에 대한 뇌과학적 해석관점은 용어의 원래 의미와도 매우 잘 부합한다. 즉, 베다(Veda) 문헌에 따르면 意(manas)는 '만(man)'이라는 동사 어근에서 온 말인데, 'man'은 '생각하다(to think or mind)'라는 동사이지만 고대어인 베다어에서 '열망하다' '욕구하다'의 뜻으로도 쓰이고 있다. 즉 어떤 인식대상으로 향하는 마음의 욕구로서 '감각이 주는 메시지를 받아들이는 인식능력(perceiving faculty that receives the messages of the senses)'이다. [50] '감각이 주는 메시

---

50) Manas (Sanskrit: मनस्, "mind') from the root man, 'to think' or 'mind' — is the recording faculty; receives impressions gathered by the sense from the outside world. It is bound to the senses and yields vijnana (information) rather than jnana (wisdom) or vidya (understanding). One of the inner instruments that receive information from the external world with the help of the senses and present it to the higher faculty of buddhi (intellect). http://veda.wikidot.com/manas

지'는 뇌에 생성된 감각표상(감각지 percept), 즉 신경앙상블이며 불교적 용어로는 전오식이다. 이를 받아들이는 인식능력이 意根이라는 뜻이다.

부파불교 주석서에서도 意(마노, mano)는 전오식의 앞과 뒤에 나타난다고 하였다. 전오식의 앞에서는 오문전향(五門轉向)의 역할을, 전오식의 뒤에서는 받아들이는 마음 역할을 하여 조사(분석)하는 마음(의식)으로 연결을 해 준다고 했다. 오문전향은 다섯 가지 감각문(전오근)이 대상을 향한다는 뜻이다. 따라서 意(마노, mano)는 감각문을 감각대상 쪽으로 향하게 하고, 감각문이 전해주는 감각지(뇌활성, 법경)를 받아들이는 인식능력이라는 것이다.

의근(意, mano), 싸띠(sati) 및 사마디(samādhi)의 신경근거

인지과정은 대상의 선택(selection)과정과 선택된 대상에 주의를 머무르게 유지(set-maintenance)하는 과정으로 분리될 수 있다고 했다. 예로서, 군중 속에서 아는 사람을 찾아내는 것과 주차장에서 내 차를 찾아내는 것은 선택이며, 찾는 사람이나 차가 선택되면 우리는 거기에 주의를 기울인다. 이 과정은 한마디로 하면 주의·주목(attention)이다. 의근은 어떤 인지대상을 선택하여 감각하는 감각기관이다.

안식을 예로서 설명하자. 시각감각은 안근에서 시작하여 시상을 거쳐 대뇌의 일차시각피질로 들어가 분석되며, 여기서부터 여러 단계를 거쳐 처리된 최종 종합 정보는 전전두엽으로 들어간다. 시야에는 많은 시각대상이 있기 때문에 많은 시각정보가 전전두엽으로 들어간다. 전전두엽은 뇌의 최고경영자(CEO)로서 시각정보 뿐 아니라 현재 일어나고 있는 모든 뇌활성(정보)을 고려하여, 그 가운데 일부를 선별하여 포섭한다.

안근에 포섭된 대상은 안식을 불러일으키며, 생성된 안식을 의근이 포섭한다. 아래그림에서 의도적으로 개를 포섭하게 하는 것은 등쪽주의신경망(dorsal attention network)이고, 개에 대한 인식에 집중하게 하는 것은 대상-덮개 신경망(cingulo-opercular network)의 기능이다. 개에 집중하다가 나무가 눈에 들어와 갑자기 그쪽으로 주의가 가게 하는 것은 배쪽주의신경망(ventral attention network)이다. 이는 의도적인 것이 아니며, 의도하지 않은 돌출자극(salience)으로 나도 모르게 관심이 그쪽으로 옮겨가는 것이다. 한편 내적 마음은 기본모드신경(default mode network)의 기능이며 내면적 마음의 생성은 이 신경망이 포섭한다. 등쪽/배쪽 주의신경망 및 기본모드신경망이 포섭하여 생성된 의식을 알아차림하는 것은 전두-두정 신경망(fronto-parietal network) 즉 싸띠이다.

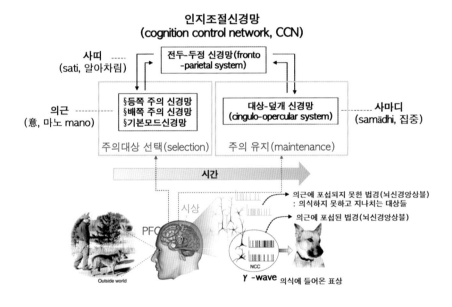

[싸띠 및 사마디의 신경근거(Neural Corrates of Sati and Samādhi)]
싸띠는 대상(법경)을 인식하는 것을 알아차림하는 것이다. 대상의 인식은 의근(意, 마노 mano)이 법경(뇌활성)을 감각함으로 생성된다. 생성된 인식을 알아차림하는 기

능이 싸띠이다. 알아차림한 인식에 주의를 유지하는 것이 사마디(samādhi)이다. 그
림의 장면에서 현재 안근이 개를 포섭하고 있다. 포섭은 안식을 불러일으키며, 생성
된 안식을 의근이 포섭한다. 의도적으로 개를 포섭하게 하는 것은 등쪽주의신경망
(dorsal attention network)이고, 개에 대한 인식에 집중하게 하는 것은 대상-덮개
신경망(cingulo-opercular network)의 기능이다. 개에 집중하다가 나무가 눈에 들
어와 갑자기 그쪽으로 주의가 가게 하는 것은 배쪽주의신경망(ventral attention
network)이다. 한편 내적 마음은 기본모드신경(default mode network)의 기능이며
내면적 마음의 생성은 이 신경망이 포섭한다. 등쪽/배쪽 주의신경망 및 기본모드신
경망이 포섭하여 생성된 의식을 알아차림하는 것은 전두-두정 신경망(fronto-pari-
etal network)으로 싸띠신경망이라 할 수 이다.

　선별된 정보는 의식 속으로 들어와 잠시 유지된다. 이렇게 짧은 시간
동안 유지되는 기억을 작업기억(working memory)이라 한다. 전두-두
정 신경망은 빠른 시간에 여러 가지 정보를 선택하여 작업기억으로 불러
들여 그 의미를 파악한다. 이는 마치 작업대 위에 필요한 물품(정보)들
을 선별하여 올려놓고 그 의미를 파악하는 것과 같다. 따라서 등쪽/배
쪽주의신경망, 기본모드신경망 및 전두-두정 신경망은 대상(법경, 뇌에
전달된 감각지)을 선별하여 의식의 내용을 제공하는 내용-제공자(con-
tent provider) 역할을 한다. 51) 한편 선택된 대상에 대한 감각지(뇌활
성, 신경앙상블)는 활성이 높아서 감마파동(λ wave)의 뇌파를 낸다.

---

51) Content-provider and enabler. Negrao BL1, Viljoen M. Neural correlates of
consciousness. Afr J Psychiatry (Johannesberg). 2009 Nov;12(4):265-9.

● 등쪽주의신경망(dorsal attention network, DAN) - 예측한 목표 탐지

등쪽주의신경망은 인지하고자 의도하는 대상을 선별하는 기능을 한다. 사람들이 빽빽이 모여 있는 군중 가운데 친구를 찾는 상황을 가정해보자. 우리는 시야에 들어오는 많은 사람들 하나하나를 친구의 얼굴과 대조해 나간다. 친구로 예측되는 대상을 선택하고 뇌에 저장된 '친구의 기억정보'와 대조하여 틀리면 다른 대상을 선택한다. 이러한 과정은 친구를 찾을 때까지 반복된다. 이처럼 의도한 인식은 '인식대상의 선택(instantiation, initiation, start cue) → 예측과 비교한 에러탐지(error detection) → 에러의 되먹임(반영 feedback) → 새로운 대상의 선택(new instantiation)'을 반복하는 과정이다. 이러한 과정은 친구를 찾고 나서도 계속된다. 친구와 만난 후에는 친구의 모습이 어떻게 변했는지, 성격은 어떠한지 등등 직접 보는 대상과 예측한 모습을 비교판단하고 그 차이가 어떤지 알아내고 다음 인식대상으로 넘어간다.

등쪽주의신경망은 자의적이고 의도적이기 때문에 목표대상을 설정해놓고 대상을 찾는 위-아래(top-down) 지향적 인지신경망이다. 의도는 뇌의 고위기능부위에서 시작하기 때문이다. 등쪽주의신경망의 주요부위는 IPS(intraparietal sulcus 두정엽속고랑)과 FEF(frontal eye fields 전안구영역: 운동피질과 위전두고랑이 만나는 부위)이며, 전두-두정신경망과 긴밀하게 연결되어 있다.

● 배쪽주의신경망(ventral attention network, DAN) - 예측하지 않은
목표 탐지

예측하지 못하였던 장소에서 갑자기 나타나는 인지대상으로 지향
하는 과정은 배쪽주의신경망의 기능이며, TPJ(temporoparietal junc-
tion 측두두정경계) 및 오른쪽 뇌의 VFA(ventral frontal areas 배쪽전
두영역)이 주요 부위이다.

개괄적으로 말하면 등쪽주의신경망은 하향식(위-아래) 지향적 의도
적 주의에 관여하고, 배쪽주의신경망은 주의를 기울이지 않은, 기대하
지 않은 자극을 탐지하는 기능을 한다. 기대하지 않은 자극으로 주의
가 옮겨가기 때문에 이는 주의전환 촉발기능으로 볼 수 있다.

배쪽주의신경망은 오른쪽 반구에 잘 발달되어 있다. 즉, 우뇌에 우
세화(dominance 혹은 가측화 lateralization)되어 있다. 이 신경망은
돌출자극 혹은 돌출목표(salient target), 특히 기대하지 않은 장소에
서 나타나는 돌출자극를 탐지할 때 활성이 증가한다. 또한 감각자극
을 갑자기 바꾸거나 자극이 끝나는 시점에서 이 신경망의 활성이 증가
한다. 이는 주의전환에 이 신경망이 역할을 함을 의미한다.

- 기본모드신경망(default mode network, DMN) - 내면적 목표 탐지

우리의 뇌는 외부환경의 인지대상 뿐 아니라 내면에서 일어나는 지극히 사적인 것들도 인지한다. 떠오르는 생각들이다. 내면에서 시작하는 생각은 나에 대한 자서전적 내용들이다. 이들은 기본모드신경망의 작용이다. 따라서 나의 내면에서 일어나는 인지대상은 기본모드신경망이 탐지한다.

- 전두-두정신경망(fronto-parietal network)- 인지조절과 알아차림

위에서 언급한 3가지 인지신경망들은 주의·주목하여야 할 대상을 인식과정에 제공하는 내용제공자(content provider) 역할을 한다. 주의·주목의 시작(initiation, instantiation, start cue)이다. 한편 이들은 전두-두정신경망(fronto-parietal network)과 밀접하게 연결되어 있어 이의 조절(지배)를 받는다.

구체적으로 보면, 기본모드신경망과 등쪽주의신경망은 서로사이의 연결이 거의 없다. 하지만 전두-두정신경망은 기본모드신경망, 등쪽주의신경망 및 기본모드신경망과 긴밀하게 연결된 매듭(node 접속지점)을 갖는다. 이러한 매듭을 통하여 전두-두정신경망은 인지과정의 문지기 역할(gate-keeping role)을 하여 역동적으로 인지내용을 전환하는

것으로 보인다. 또한 전두-두정신경망은 의근(DAN, VAN, DMN)이 포섭(탐지)한 뇌활성을 알아차림한다. 따라서 이 신경망은 싸띠신경망이라 할 수 있다.

등쪽 및 배쪽주의신경망은 전두-두정신경망과 매우 긴밀히 연결되어 있으며, 전두-두정신경망이 보다 광범위하게 분포하기 때문에 일부 학자들은 등쪽 및 배쪽주의신경망을 전두-두정신경망과 분리하지 않고 단순히 등쪽전두-두정신경망 및 배쪽전두-두정신경망으로 나누기도 한다.[52]

전두-두정 신경망의 주요 구조들의 모식도를 Box 3-1)에 표시했다.

---

52) Vossel S, Geng JJ, Fink GR. Dorsal and ventral attention systems: distinct neural circuits but collaborative roles. Neuroscientist. 2014 Apr;20(2):150-9. doi: 10.1177/1073858413494269.

Box 3-1) 전두 - 두정엽 신경망 및 대상-덮개피질 신경망

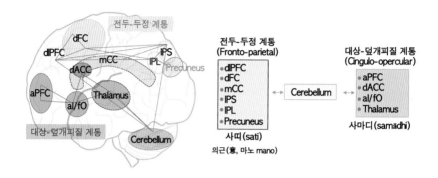

[인지조절신경망]

대뇌의 등쪽(위쪽)에서 전두엽과 두정엽에 주로 분포하는 전두-두정엽 신경망(fronto-parietal network)은 인지대상을 선별하여 주의를 기울이는 기능을 한다. 불교적으로는 의근과 싸띠 기능이 위치하는 신경망이다. 선별된 대상에 주의를 지속적으로 유지하는 것은 대상-덮개피질 신경망(cingulo-opercular network)의 기능이다. 이 두 신경망은 소뇌를 통하여 서로 연결되어 있다. 보다 먼저 진화한 전두-두정 신경망은 인지대상을 탐지하여 인지과정을 시작하고(start cue), 후에 진화한 대상-덮개피질 신경망은 인지한 대상에 주의를 유지하는 기능('set-maintenance')을 한다. 후자는 산만해지지 않고 집중할 수 있게 하는 기능으로 인간에서 가장 잘 발달하였다. 인지한 대상이 예측한 대상과 다르면 이는 에러이다. 이 에러는 소뇌의 에러탐지망에 의하여 탐지되고 되먹임(feedback)과 조정(adjustment)을 거쳐 다음 인지대상의 포섭에 첨가된다. al/fO(anterior insular/fronto-opercular cortex 앞뇌섬/전두-덮개피질), aPFC(anterior prefrontal cortex 앞쪽전전두엽), dACC(dorsal anterior cingulate cortex 등쪽앞대상피질), dFC(dorsal frontal cortex 등쪽전두엽), dlPFC(dorsolateral PFC 등쪽가쪽전전두엽), IPL(inferior parietal lobule 아래두정소엽), IPS(intraparietal sulcus 두정엽속고랑), mCC(mid-cingulate cortex 중간대상피질)

위세로다발

두정엽속고랑[(intraparietal sulcus (IPS)], 아래두정소엽[inferior parietal lobule (IPL)], 등가쪽전전두엽[dorsolateral PFC (dlPFC)] 등이 주의·주목(attention)의 시작에 중요한 역할을 하며[53], 이 구조들은 위세로다발(superior longitudinal fasciculus)에 의하여 서로 연결되어 있다.

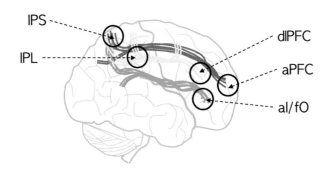

[위세로다발(superior longitudinal fasciculus)]

전두-두정 신경망(fronto-parietal system)은 인지대상을 선택한다. 이 신경망은 두정엽속고랑[(intraparietal sulcus (IPS)] 및 아래두정소엽[inferior parietal lobule (IPL)]을 통하여 주의·주목하여야 할 대상들을 전달받고, 일부를 선별하여 인식과정에 내용을 제공한다. 전두-두정 신경망[등가쪽전전두엽(dlPFC) 등]은 위세로다발(superior longitudinal fasciculus)에 의하여 IPS, IPL과 서로 연결되어 있다. 위세

---

53) Chica AB, Bartolomeo P. (2012) Attentional routes to conscious perception. Front Psychol. 2012 Jan 18;3:1. doi: 10.3389/fpsyg.2012.00001.

로다발 세 개의 가지(branch: 빨강, 노랑, 초록)를 표시하였다. aI/fO(anterior insula 앞쪽뇌섬엽/frontal operculum (전두덮개); aPFC (anterior prefrontal cortex 앞쪽 전전두엽)

인지손상 증례

인지신경망 구조들이 인지에 중요한 역할을 함은 인지손상환자들에서 잘 나타난다. 예로서, IPS, IPL 등에 손상을 입은 환자들은 장애물을 피하면서 잘 나아가지만 자신이 피한 장애물들을 의식하지 못한다.[54] 장애물을 피하면서 잘 나아간다는 것은 시각신호전달 및 분석에는 이상이 없음을 의미한다. 하지만 시각분석을 의식하고 인지하기 위해서는 시각신호전달 신호가 두정엽속고랑(IPS) 및 아래두정소엽(IPL)으로 올라와 전전두엽으로 전해져야 하는데 이 부위에 손상을 입었기 때문에 인지가 일어나지 않은 것이다. 이러한 임상적 장애는 위세로다발에 손상을 입은 환자들에서도 나타나는데 이는 IPS, IPL → 전전두엽으로의 신호전달이 차단된 결과일 것이다.

● 대상-덮개피질 신경망(cingulo-opercular network)

한편 선택된 법경에 주의가 유지되는 것은 집중(focusing)이다. 집

---

54) Kentridge, R. W., Heywood, C. A., and Weiskrantz, L. (1999). Attention without awareness in blindsight. Proc. Biol. Sci. 266, 1805-1811.

중은 의근이 같은 대상을 계속 선택하여 주의(attention)가 거기에 머무르게 하는 것이다. 이는 선택된 대상을 주의·주목에서 사라지지 않게 유지하는 대상-덮개피질 계통(cingulo-opercular system) 신경망이다. 불교적 용어로는 사마디(삼매)에 해당한다. 이 신경망의 주요 부위는 시상, 앞대상피질(ACC) 및 전전두엽(PFC)이다.

선택된 대상은 주의·주목(attention)에 유지되어 인지과정을 거친다. 이 과정은 예측한 것과 선택된 대상을 비교·판단하여 에러를 찾아내는 과정이다. 이 과정을 거치기 위해서는 선택한 대상이 주의·주목에 머물러야 한다. 시상을 포함하는 대상-덮개피질 신경망(cingulo-opercular system)은 선별되어 의식 속으로 들어온 대상에 대한 주목을 유지(set-maintenance)한다.[55] 이는 선택된 대상에서 관심이 멀어져 다른 대상으로 가지 않게, 즉 주의가 산만하지 않게 유지하는 과정이다.

이 신경망은 가장 최근에 진화하였다. 또한 이 주의유지 신경망은 사람에서 가장 잘 발달되어 있고, 어린이 보다는 어른에서 더 잘 발달되었다. 산만해지지 않고 어떤 대상에 주의를 기울여 골똘히 생각하는 것은 아이들보다 어른들이 더 잘 한다. 대상-덮개피질 신경망이 잘 발달

55) Fair DA, Dosenbach NU, Church JA, Cohen AL, Brahmbhatt S, Miezin FM, Barch DM, Raichle ME, Petersen SE, Schlaggar BL. 2007. Development of distinct control networks through segregation and integration. Proc Natl Acad Sci U S A. 104(33):13507-12.

되어 있기 때문이다. 동물들은 이 신경망이 잘 발달되어 있지 않기 때문에 산만하다. 대신 전두-두정 신경망이 잘 발달되어 매우 민첩하다. 새로운 인지대상을 잘 찾아낸다는 뜻이다. 선별된 대상에 대한 주목을 유지하는(set-maintenance) 대상-덮개 신경망 부위에 거대방추체신경세포(VEN)가 나타난다. 이 거대한 신경세포가 뇌의 여러 부위를 관할하고 조정하여 주목이 흐트러지지 않게 하는 것으로 보인다.

[인지조절신경망과 불교적 상응관계]

인지조절신경망(cognitive control network)		
전두-두정조절계통 (fronto-parietal network, FPN)	인지의 시작(instantiation) 알아차림 및 통괄(overall control)	의근(mano) 및 싸띠(sati)
대상-덮개피질계통 (cingulo-opercular network, CON)	인지활동의 지속적 유지 (sustained activity)	집중 (samadhi)

의근(mano)		
등쪽주목계통 (dorsal attention network, DAN)	인지시작 단서를 제공 ('start-cue' instantiation)	FPN과 함께 의도적 인지대상 선택
배쪽주목계통 (ventral attention network, VAN)	인지단서 전환 조절 (adaptive on-line control)	FPN과 함께 비의도적 인지대상 선택i)
기본모드계통 (default-mode network, DMN)	내면적 생각 탐지	FPN과 함께 저서전적 내용을 선택

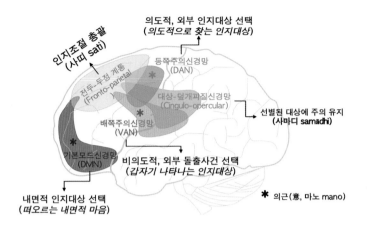

의도적, 외부 인지대상 선택
(의도적으로 찾는 인지대상)

인지조절 총괄
(사띠 sati)

전두-두정 계통
(Fronto-parietal)

등쪽주의신경망
(DAN)

대상-덮개피질신경망
(Cingulo-opercular)

선별된 대상에 주의 유지
(사마디 samādhi)

배쪽주의신경망
(VAN)

기본모드신경망
(DMN)

비의도적, 외부 돌출사건 선택
(갑자기 나타나는 인지대상)

내면적 인지대상 선택
(떠오르는 내면적 마음)

＊ 의근(意, 마노 mano)

[인지조절신경망]

뇌의 인지조절신경망(cognitive control network, CCN)을 단순화한 모식도이다. 그림
에서 표시한바와 같이 인지조절신경망은 여러 가지 하위신경망으로 구성된다. 전두-두
정계통 신경망은 모든 하위계통과 밀접히 연결되어 인조절신경망을 총괄한다. 의도
적으로 찾는 외부인지대상(예, 주차장에서 내 차 찾기, 군중 가운데 친구 찾기 등)은
등쪽주의신경망(dorsal attention network, DAN)이 선택하고, 주의를 하고 있는데
갑자기 돌출사건(예, 갑자기 들려오는 소리, 갑자기 나타나는 물체 등)은 배쪽주의신
경망이(ventral attention network, VAN)이 선택한다. 좁은 의미에서 VAN이 돌출사
건탐지망(salience network, SN)이며, 이는 오른쪽 대뇌반구에 더 잘 발달되었는데
돌출사건이 나타나면 특히 오른쪽 전두-뇌섬엽피질(right fronto-insular cortex,
rFIC)에서 제일 먼저 반응이 나타난다. 돌출사건을 탐지하면 그쪽으로 주의가 가기
때문에 SN은 스위치뇌라고 볼 수 있다. 한편 내면에서 떠오르는 생각은 기본모드신
경망(default mode network, DMN)이 탐지한다. 넓은 의미에서 등쪽주의신경망이
탐지하는 의도적 인지대상도 돌출자극이다. 왜냐하면 그 대상도 주변의 다른 대상과
다른, 찾고자 하는 특별히 돌출되는 자극이기 때문이다. 따라서 DAN, VAN, DMN은
의근으로 간주되며 전체적으로는 전두-두정계통의 조절을 받기 때문에 전두-두정계
통은 싸띠(sati)에 해당한다고 볼 수 있다. 한편 대상-덮개피질신경망(cingulo-oper-
cular network)은 선택된 인지대상에 주의가 머무르게 한다. 따라서 이는 사마디
(samādhi) 기능에 해당한다.

5) 의근의 예 : 안식법경의 포섭

싸띠(sati, attention)는 인지대상[법경]을 선택하고 선택한 대상에 주의를 기울여 주목하는 것을 알아차리는 기능이다. 현대과학적으로는 인지조절신경망의 기능이다. 주목하는 동안에 대상의 인지, 분석, 판단이 일어난다. 인지대상[법경]을 선택하여 주의(attention)로 불러들이는 기능이 의근의 역할이다. 주의가 다른 대상으로 옮겨가지 않도록 유지하는 기능은 사마디의 역할이다. 집중 혹은 삼매이다. 안식을 법경의 예로 이를 포섭하는 의근을 살펴보자. 현대 뇌신경과학적 언어로 바꾸면 시각주목(visual attention) 뇌신경회로이다.

시각주목 신경근거(Neural Correlates of Visual Attention)

생성되는 경로에 따라 두 가지 종류의 법경이 있다고 했다. 오감에 의해서 생성되는 전오식은 외인성 법경이다. 뇌 밖에서 시작한 법경(신경활성)들이기 때문이다. 외부자극 없이 뇌 속에서 시작한 법경들도 있다. 문득 떠오르는 생각들이다. 이들은 내인성 법경이라 한다. 내인성 법경은 생각을 만드는 고등 뇌부위에서 시작하기 때문에 '위-아래(top-down)' 법경, 외인성 법경은 '아래-위(bottom-up)' 법경이라 할 수 있다. 외부환경에서 척수를 타고 아래에서 위로 올라간 법경이기 때문이다.

예로서 시각을 보자. 시각인지 주목(visual attention)의 대상은 두 가지가 있다. 하나는 물질적으로 두드러져(salient) 드러나는(stand-out) 시각정보들이다. 큰 물체이거나 색깔이 특이하여 눈에 확 드러나는 시각대상이다. 하지만 꼭 크다고 우리의 시각대상이 되지 않는다. 바닥에 떨어뜨린 작은 물건을 찾을 때 우리는 큰 물체보다는 찾는 대상과 유사한 작은 물체에 주목한다. 이와 같은 대상은 '보다 행동목적에 맞는 시각대상'이다. 전자를 "아래-위(bottom-up)" 혹은 외인적 주목(exogenous attention), 후자를 "위-아래(top-down)" 혹은 내인적 주목(endogenous attention)이라 한다.

'외인적'은 '밖에서부터 기인한'이란 뜻이다. 따라서 밖의 큰 물체 혹은 소리 등에 주목하는 것은 외인적 주목이다. 외부자극이 감각기관을 자극하여 척수, 시상을 타고 대뇌피질로 올라가서 주목을 유도하기 때문에 '아래-위' 주목이라고도 한다. 반면 군중 속에서 아는 사람을 찾거나, 주차장에서 내 차를 찾을 때와 같이 어수선한 장면에서 목표물을 찾을 때 우리는 특징에 근거한 주목기능을 사용한다. 찾는 목표물의 특징을 미리 알고 있기 때문에 - 예, 옷이나 차의 색깔과 종류 - 이와 일치하는 대상을 찾는다. 이 경우 찾는 사람이 군중 속에서 멀리 있어도, 혹은 내 차가 주차장의 어느 구석진 곳에 있어도 눈에 '확' 들어온다. 그 시각대상이 두드러져 드러난다는 뜻이다.

눈에 확 들어오는 것은 그 대상의 상에 대한 시각정보 처리가 강하기 때문이다. 이와같이 찾고 있던 것과 같은 대상에 대한 뇌활성은 커진다. 좀 더 뇌과학적으로 설명하면 시각정보처리에 관여하는 뇌구조들의 활성이 증가된다는 뜻이다. 시각정보를 처리하는 뇌부위들에는 시상, 일차시각피질(V1), 중간측두영역(middle temporal area, MT), 4차시각영역(V4), 가쪽 두정속영역(lateral intraparietal area, LIP) 등이 있다. 주목을 하면 시각정보 처리과정의 초기, 중간 그리고 고위 수준에 있는 이 부위들의 신경세포 활성도(격발율, firing rate)가 증가된다.

찾고 있는 목표와 유사한 대상이 망막에 맺혀 시각피질에 전달되고 여기에 주의를 기울이면[주목하면, 의근에 포섭되면] 이 시각신호처리에 관련된 신경세포들의 격발은 증가된다. 격발의 증가[활성증가]로 신호가 커지게 되어 그 상이 또렷하게 보인다. 반면에 목표물이 아닌 다른 세포들의 활성(격발)은 억제된다. 이들은 '잡음'이기 때문에 이들에 대한 신호처리는 약화된다. 이렇게 하여 '잡음' 시각자극들은 걸러져 잡음대비 신호(signal to noise)의 비율이 높아진다. 주목한 대상에 대한 신호분석효율은 높이고 주의를 산만하게 하는 것들(산만인자, dis-tractors)에 대한 신호전달은 약하게 하는 것이다. 이와같이 의근에 포섭되어 주의가 기울어진 대상에 대한 신경활성은 증가된다.

시각정보처리 과정과 인지[포섭]에 걸리는 시간

무엇을 보고 난 후 이에 후속되는 어떤 운동을 하는데 얼마나 시간이 걸릴까? 망막에 상이 맺혀지면 활동전위가 생성되어 시신경을 타고 시상을 거쳐 일차시각피질로 전달된다. 일차시각피질의 뇌활성(안식, 법경)은 기억정보들과 비교되어 그 정체가 분석되고 궁극적 분석결과는 전전두엽으로 전달된다. 의근은 이를 포섭하고 인지조절신경망에 전달하여 그 의미가 파악된다. 그런 후 뇌의 운동계통에 정보를 전달하면 운동계통은 특정 운동을 계획하고 운동피질에 명령을 내린다. 이 명령신호는 척수를 따라 내려가 근육에 전달되어 궁극적으로 근육운동이 일어난다. 이 모든 과정은 신경세포의 축삭을 따라 흐르는 활동전위의 전달이다. 신경세포가 서로 연결된 지점인 연접(시냅스)에서는 신경전달물질이라는 화학물질의 작용을 거쳐 다음 신경세포로 신호가 전달된다. 따라서 활동전위의 전달속도는 일반 전기와 비교가 안 될 정도로 느리다. 활동전위는 축삭지름의 크기에 따라 초당 1~100 미터의 속도로 흐른다. 따라서 시각자극에서부터 운동까지는 꽤 긴 시간이 걸린다.

시각반응에서 시작한 운동이 생각보다 길게 걸린다는 것을 간단히 테스트할 수 있다. 빳빳한 종이(예, 지폐)를 들고 있다가 놓으면 피시험자가 엄지와 검지로 떨어지는 종이를 손으로 잡는 시험을 해보라. 이 때 피험자의 손가락은 종이의 가운데 부분에 위치하게 한다. 다만 떨어질 것을 미리 예상하여 잡으면 안 된다. 온전히 시각자극에 근거하여 잡아야 한다. 따라서 예상을 하지 못하게 피시험자의 관심을 딴 곳으로 돌리기 위하여 간단한 속임수를 쓰면 좋다. 하지만 피시험자가 종이를 보고 있어야 한다. 예로서 '이 1만원짜리 지폐를 잡으면 너가 가져도 된다'는 멘트를 하면서 순간적으로 지폐를 떨어뜨린다. 이 경우 피시험자는 절대로 떨어지는 돈을 잡을 수 없다. 떨어지는 속도가 잡는 속도보다 빠르기 때문이다. 즉, 떨어지기 시작하는 지폐를 눈으로 보고서(시각정보처리 시작)부터 손가락을 움직이는 운동을 하는 데까지 시간이 꽤 걸린다는 것이다.

시각적 대상이 무엇인지 인지하는 과정을 시각정보 처리과정이라 하는데, 이는 망막 → 시상 → 일차시각피질(V1) → 이차시각피질(V2) → 삼차시각피질(V3) → 중간측두영역(MT) → 4차시각영역(V4) → 후두측두피질(TEO) → 가쪽두정속영역(LIP) 등등의 배쪽 및 등쪽 경로를 거친 신호가 궁극적으로 전전두엽에 들어와, 지폐라는 물체('what' 분석)가 떨어지고 있구나('where and how' 분석)라고 인지하고 판단하는 과정을 포함한다. 그런 이후에 그 가치를 판단하고, 잡으려고 하는 행동을 계획하고, 관련 프로그램을 짜서 상위운동신경세포(upper motor neuron, 대뇌운동피질 신경세포)들을 모집하여 명령을 내리면, 명령신호가 척수신경으로 타고 내려가 척수에 있는 아래운동신경(lower motor neuron)에 전달되어 근육이 움직이게 된다. 이러한 정보처리과정에 걸리는 시간이 지폐가 떨어지는 시간보다 더 걸린다. 따라서 정확하게 실험을 하면 절대로 떨어지는 지폐를 잡을 수 없다.

전전두엽으로 신호가 들어오면 의근이 이 신호를 포섭한다. 의근은 전전두엽을 포함하는 뇌의 신호포착기능이기 때문이다. 어느 한 순간에도 많은 신호가 전전두엽으로 들어간다. 이 가운데 의근은 한 순간에 하나만 포섭한다. 포섭된 신호와 관련된 신경회로는 활성이 증가하고 포섭되지 않은 나머지 신호와 관련된 신경회로들의 활성은 약화된다. 포섭된 신호는 의식에 들어오고 그 의미가 파악된다. 파악된 결과는 이어지는 다음 인식에 반영된다.

원숭이가 사과를 잡는데 걸리는 시간을 측정한 실험결과가 있다.[56] 사과를 보여준 후 시각정보가 처리되는 뇌부위들에 신호가 도달하는데 걸리는 시간을 관련 대뇌피질에 전극을 꼽아 측정하였다. 사과를 보여주면 원숭이의 망막에 사과의 상이 맺히고 V1(일차시각피질)으로 전달되는데 40-60 밀리초(ms, 밀리 초는 1000분의 1초이다) 걸린다. 여기서부터 배쪽경로를 거쳐 전전두엽(PFC)에 도달하는데 100-130 밀리초 걸렸다. 배쪽시각경로는 무엇인지 알아내는 신호처리경로('what'

---

56) Thorpe, Simon J., Fabre-Thorpe, Michele (2001) "Seeking Categories in the Brain," Science 291, 260-262.

분석)이다. 적어도 0.1초가 걸려야 '사과'라는 시각대상이 인지된다는 것이다. 그 후 '사과를 잡아야겠다'라는 결정(decision making)을 내리면 운동피질(motor cortex, MC)에 있는 상위운동신경(upper motor neuron[57])에 명령을 내리고, 이 신호가 척수로 내려가고 척수의 운동신경세포가 손을 움직이는 근육을 수축한다. 신호가 망막에서 여기까지 오는데 180-260 밀리초가 걸린다.

---

57) 대뇌의 운동피질에 있는 운동신경세포를 상위운동신경(upper motor neuron), 척수에 있는 운동신경세포를 하위운동신경(lower motor neuron)이라 한다. 상위운동신경은 하위운동신경에 신호를 보내고, 하위운동신경은 근육을 수축시킨다.

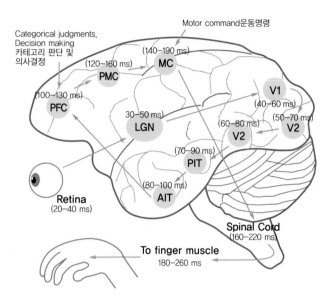

Categorical judgments,
Decision making
카테고리 판단 및
의사결정

Motor command운동명령

(140–190 ms)
MC

(120–160 ms)
PMC

(100–130 ms)
PFC

V1
(40–60 ms)

(50–70 ms)
V2

30–50 ms)
LGN

(60–80 ms)
V2

(70–90 ms)
PIT

(80–100 ms)
AIT

Retina
(20–40 ms)

Spinal Cord
(160–220 ms)

To finger muscle
180–260 ms

[원숭이가 사과를 잡는 신호전달과정과 걸리는 시간]

망막에서 시작한 신경신호가 시상의 가쪽무릎핵(LGN), 일차시각피질(V1)을 거쳐 측두엽으로 가는 배쪽경로와 걸리는 시간을 표시하였다. 이 경로를 통한 '무엇(what)' 분석 결과는 100-130 밀리초가 걸려서 전전두엽에 도달한다. 전전두엽에서 '사과'라고 인지하고 '잡아야겠다'라고 판단하면 전운동피질(premotor cortex, PMC)을 거쳐 운동피질(MC)에 운동명령을 내리고 이 명령은 척수를 거쳐 팔 및 손가락 근육으로 전달된다. 여기까지 총 180-260 밀리초가 걸린다(Thorpe et al., 2001)

신경활성에 미치는 주목의 효과

질서정연하지 못하고 무작위적으로 흩어져 있는 상황(예, 군중 속에서 아는 사람을 찾거나, 주차장에서 내 차를 찾을 때)에서 무엇을 찾을 때 우리는 찾고 있는 목표물의 특징을 단서로 이용한다. 단서를 알고 있기 때문에 유사한 특징을 가진 대상이 망막에 비치면 우리는 거기에 주의를 보낸다. 주의를 그 상에 집중하면[주목하면] 그 상을 분석하는 신호전달경로에 있는 신경세포들의 활성이 증가된다. 결과적으로, 그 목표물이 저 멀리 떨어져 있거나 크기가 작아서 시각자극이 실제로는 크지 않더라도 그 대상은 드러나게 된다.

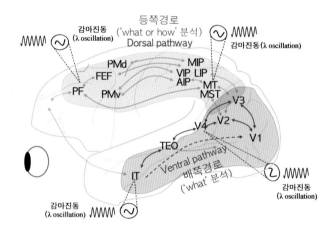

[시각신호전달경로와 신경세포의 활성증가]

짧은꼬리원숭이(macaque monkey)의 뇌에서 시각정보처리의 중간단계에 있는 피질영역을 표시하였다.[58] 일차시각피질(V1)에서부터 두 갈래로 신호처리가 갈라진

---

58) https://neupsykey.com/intermediate-level-visual-processing-and-visual-primitives/

다. 배쪽경로(ventral pathway)는 시각대상이 무엇인지('what' 분석) 알아내는 분석로이다. 반면에 등쪽경로(dorsal pathway)는 시각대상의 공간적 위치 혹은 이동('where or how' 분석)을 분석하는 경로이다. 각 경로들의 최종 도착지는 전전두엽(PF)이다. 그런데 어떤 대상에 시각을 집중할 때 그 시각처리 경로상에 있는 지점들의 신경세포들은 활성이 증가하여 30-60 Hz로 격발한다. 이러한 격발빈도를 감마(λ) 주파수(gamma frequency)라 한다. 또한 이 신경세포들은 동시에 공조하는 방식으로 감마주파수로 활동한다. 이를 감마진동(gamma oscillation)이라 하는데, 함께 동시에 감마활성을 한다는 뜻이다. V1, V2, V3, V4 (1, 2, 3, 4차시각피질); MT (middle temporal area 중간측두영역); AIP (anterior intraparietal cortex 앞쪽 두정엽속영역); FEF (frontal eye fields 전두눈영역); IT (inferior temporal cortex 아래측두피질); LIP (lateral intraparietal cortex 가쪽 두정엽속피질); MIP (medial intraparietal cortex 안쪽 두정엽속피질); MST (medial superior temporal cortex 안쪽 위측두피질); PF (pre-frontal cortex 전전두엽); PMd (dorsal premotor cortex 등쪽 전운동피질); PMv (ventral premotor cortex 배쪽 전운동피질); TEO (occipitotemporal cortex 후두측두피질); VIP (ventral intraparietal cortex 배쪽 두정엽속피질). 표시한 영역들의 신경활성을 측정하면 동시에 λ진동을 함을 표시하였다.

시각신호전달에서 주목의 효과는 3가지로 나타난다. [59]

첫째, 주목을 하면 시각을 분석하고 처리하는 각 단계에 있는 시각

59) Paneri S, Gregoriou GG. (2017) Top-Down Control of Visual Attention by the Prefrontal Cortex. Functional Specialization and Long-Range Interactions. Front Neurosci. 2017 Sep 29;11:545. doi: 10.3389/fnins.2017.00545. eCollection 2017.

60) Bichot NP, Rossi AF, Desimone R. (2005) Parallel and serial neural mechanisms for visual search in macaque area V4. Science 308, 529-534.

신경세포들의 격발율(firing rate, 활동전위 생성빈도)이 증가된다.[60] 이런 증가는 피질하부위인 시상, 일차시각피질(줄무늬피질, striate cortex), 줄무늬밖 시각영역들(extrastriate visual areas), 측두엽 및 전전두엽에서 일어난다. 그리고 이러한 격발율의 증가는 주목한 대상이 찾고 있는 목표와 유사할수록 커진다.

둘째, 주목은 잡음대비 표적신호의 비율(signal to noise ratio, 즉 signal/noise)을 높인다. 이는 주목받지 않은 대상들의 신호를 잠잠하게 하는 것이다. 사실 신호질(signal quality)이 좋아지는 것은 격발율의 증가보다 잡음대비 표적신호의 비율이 커지는 것이 더 큰 비중을 차지한다.

셋째, 주목을 하면 관련 신경세포들의 활성이 동조를 일으킨다. 주의를 받은 대상에 대한 신경세포들이 감마활성(30-60 Hz 활성)을 나타내기 때문에, 감마진동동조(gamma oscillatory synchrony)를 일으킨다. 이 진동동조에는 시각신호전달 과정의 여러 단계에 있는 신경세포들이 모두 참여한다.

4. 17찰나설(刹那設)

1) 하나의 인식과정에 걸리는 시간 - 17찰나(0.23초)

부파불교의 논서에서 '매우 큰' 인식대상에 대한 인식과정은 17찰나에 걸쳐 이루어진다고 하였다. 인식은 대상을 선별하고 의미를 파악하는 과정이다. '매우 큰' 인식대상은 물질적 크기가 아니라 의미적 크기를 말한다. 큰 돌출자극(salience)이라는 뜻이다. 이를 인식하는 과정이 0.23초(17찰나)에 끝난다는 말인가? 부파불교의 인식론은 우리가 간단없이 계속 연속하여 인식하는 것 같지만 사실은 17찰나로 끊어서 대상을 인식하는 과정을 반복한다고 설명한다. 시각 뿐 아니라 촉감을 비롯한 모든 감각이 마찬가지다.

하나의 인식과정을 끝내는데 17찰나가 걸린다는 것이 너무 짧은 시간인 것 같다. 하지만 실험에 따르면, 원숭이 뇌의 경우 사과에 대한 시각자극이 전전두엽으로 신호가 전달되는데 100-130 밀리초(ms) 걸린다(앞에 설명하였음). 180-260 밀리초 후에는 사과를 잡으려 손을 뻗는다. 이는 전전두엽에서 의미를 파악하는 데까지 약 0.2초(200 밀리초) 정도 걸린 것으로 볼 수 있다.

부파불교에서 설명하듯 우리의 인식은 사실 매우 짧은 '인식단위'의 연속이라면, 이러한 인식단위는 매우 짧을 것이라는 것은 다음 예에서도 충분히 짐작할 수 있다. 시속 144 ㎞의 공이 스트라이크 존에 도달하는 데까지 걸리는 시간은 겨우 0.4초, 152㎞짜리 공은 0.375초, 161 ㎞의 공은 0.35초 만에 타석에 도착한다. 타자는 이보다 짧은 시간에 스윙을 시작해야 한다. 대략 0.2초 만에 공의 구질을 파악해야 한다. 인식과정이 그만큼 짧다는 뜻이다. 외야수들이 공을 잡으러 달려가는 과정도 마찬가지다. 공이 날아오는 궤도를 인식하여 순간순간 달리는 속도와 방향을 결정해야 한다. 그래야만 인식과 인식 사이에 달리는 속도와 방향에 대한 에러가 되먹임(feedback, 반영)된다. 날아오는 공을 정확히 잡기 위해서는 인식의 반복이 매우 빠른 속도로 일어나 공이 떨어지는 자리에 나의 속도와 방향을 적응시켜야 한다. 인식단위가 매우 짧다는 증거이다.

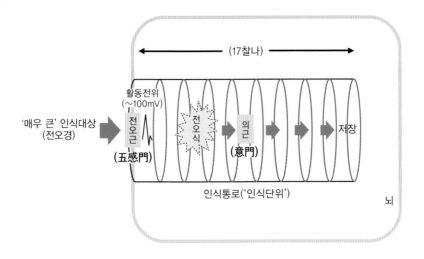

[외인적 인식(五門認識)과정]

인식대상(전오경)은 전오근에 의하여 활동전위로 변환되어 뇌로 들어와 전오식을 만든다. 전오식은 뇌활성임으로 법경이 되어 의근에 포섭되면 인식통로를 거쳐 인식이 완성된다. 완성은 인식의 결과를 저장하는 것까지 포함한다. 인식통로(vīthi-citta)는 일정한 차례의 인식과정이며, '매우 큰' 인식대상이 이 통로를 지나는데 17찰나가 걸린다. 전오근(오감문)과 의근(의문)은 일종의 대문이라 간주할 수 있다. 매우 작은 인식대상은 이 대문들을 통과하지 못한다. 우리가 의식하지 못하는 대상들이다.

외부자극에서 시작하는 외인적(아래-위) 인식이 일어나는 과정, 즉 오문인식(五門認識)을 살펴보자. 전오경(색성향미촉) 인식대상은 전오근(안이비설신, 오감문)에 감지되어 '알음알이[識]'된다. 전오식이다. 전오식은 의식공간에 상이 맺히는 것이다. 어떤 물체에 대한 상이 생기고, 어떤 소리에 대한 상이 생기는 것으로 아직 그것이 무엇인지 구체적으로 모른다. 따라서 이 전오식을 의근(의문)이 포섭하여 의식 속으로 불러들이고 인식을 완성한다. 상좌부불교에서는 인식을 하는 일정한 과정이 있다고 한다. 일종의 통로가 있어 이 통로를 거쳐야 완전한 인식이 된다는 것이다. 매우 큰 인식대상은 이 통로를 거치지만 작은 인식대상은 이 통로를 통과하지 못한다. 인식이 완성되지 않는 것이다. 매우 강한 인식대상(very strong object)은 이 통로를 통과하는데 17찰나가 걸린다는 주장이 17찰나설이다. 현대의 시간으로 1찰나는 1/75초, 즉 0.013초이기 때문에 17찰나는 0.23초에 해당한다.

2) 인식통로(인식과정 vīthi-citta)

인식은 뇌 속에서 일정한 과정을 거친다고 상좌부불교(Theravada Buddhism)[61]에서는 보았다. 이를 인식통로(vīthi-citta)[62]라고 하는데 vīthi는 '통로' 혹은 '과정'의 뜻을 지니며 citta는 '마음'으로 번역된다. 따라서 vīthi-citta를 직역하면 '통로-마음'이 되며, 일정한 방식에 따라 일어나고 사라지는 일련의 '의식 흐름'을 가리킨다. 하나의 인식이 일어나는 일련의 과정 즉 '인식통로' 혹은 '인식과정'을 의미한다. 역으로 이

---

61) 스리랑카 및 주로 동남아시아에 분포하여서 남방 불교라고도 불린다.
62) VĪTHI: THE PROCESS OF MIND AND MATTER. Sayadaw Dr. Nandamālābhivaṃsa (2005), ABHIDHAMMA FOR VIPASSANĀ [revised and supplemented by Agganyāni, Jan. 2009]

과정을 거쳐야 인식이 일어남을 의미하며 그렇지 않은 대상, 즉 이 통로
를 통과하지 못하는 대상은 인식되지 않는다고 보는 것이다. 큰 소리라
든가 큰 물체 혹은 우리의 관심을 끄는 '매우 큰 인식대상'은 오감문(五
感門)을 통하여 뇌에 들어오면 이 인식과정을 순간적으로 통과하는데,
여기에 걸리는 시간이 17찰나라고 하였다. 하지만 매우 작은 인식대상
은 이 과정을 통과하지 못하여 인식되지 않는다. 시야의 많은 물체들에
대한 상이 망막에 맺혀 뇌로 들어오지만 주의를 기울이지 않은 많은 대
상이 이런 것들일 것이다.

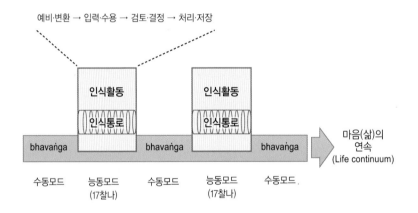

[마음의 수동모드와 능동모드]

생명체가 살아있는 한 마음은 연속된다. 인식하고 있을 때의 마음과 인식하지 않을
때의 마음을 각각 마음의 능동모드 및 수동모드로 볼 수 있다. 마음의 수동모드를 바
왕가라 한다. 인식활동이 일어날 때 바왕가는 능동모드의 마음에 양보하고 뒤로 물
러나 배경으로 흐른다. 인식활동은 일정한 통로(인식통로)를 지나는데 이 과정은 예
비·변환 → 입력·수용 → 검토·결정 → 처리·저장의 4단계를 거치며 17찰나가 걸린다.

매우 강한 인식대상이 인식통로를 지나가는 17찰나 동안에 예비·변환 → 입력·수용 → 검토·결정 → 처리·저장의 4단계를 거친다. 구체적으로는 각 찰나마다 과거의 바왕가 → 바왕가의 동요 → 바왕가의 정지 → 오감문 전향 → 보기, 듣기 등 → 수용 → 검토 → 결정 → 업 형성 처리 → 업 형성 처리 → 업 형성 처리 → 업 형성 처리 → 업 형성 처리 → 업 형성 처리 → 업 형성 처리 → 등록 → 등록의 과정을 거친다. 여기에서 우리는 마음의 두 가지 상태(모드, mode), 즉 인식하는 마음과 인식하지 않을 때의 마음을 이해할 필요가 있다. 인식활동을 할 때는 마음이 활동모드(능동모드, active mode)에 있고, 그렇지 않을 때는 수동모드(passive mode)에 있다고 본다. 우리가 살아있는 한 마음은 연속되어 존재하기 때문에 인식활동을 하지 않을 때 존재하는 수동적 모드의 마음을 바왕가(bhavaṅga, 存在持續心, 有分心)라고 상좌부불교의 교리체계는 설명한다.

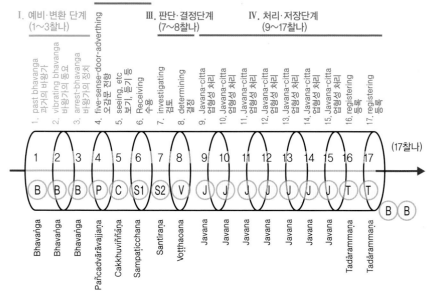

[인식통로(인식과정, vīthi-citta)]

매우 강한 인식대상은 17찰나에 걸쳐 인식통로를 지나간다. 이 통과과정은 예비·변환(1-3찰나) → 입력·수용(4-6찰나) → 검토·결정(7-8찰나) → 처리·저장(9-17찰나)의 4단계를 거친다. 17찰나에 걸친 하나의 인식과정이 끝나면 아무리 짧더라도 다시 바왕가의 마음으로 돌아간다. 각 찰나에서의 마음을 빨리어로 아래에, 영어 및 우리말로 위에 표시하였다. 자세한 내용은 본문을 참조하라.

위의 그림은 五門認識의 인식통로(vīthi-citta)를 나타낸다.

I. 예비 · 변환단계

의문[마음 문]으로 들어와 포섭되기 시작하면 3찰나에 걸쳐서 흘러오던 과거의 바왕가는 동요가 일어나고 더 이상 흐르지 못하고 중지(arrest)된다. 이 3찰나가 인식과정으로 들어가는 예비 · 변환단계이다. 이 단계를 거치면 바왕가는 인식과정의 배경으로 물러난다.

II. 입력 · 수용단계

다음 4-6찰나에 걸쳐 능동적 마음은 오감문(五感門)으로 향하고[오문전향], 오감문을 통과해 들어온 법경(전오식; 보고, 듣고, 맛보고, 냄새맡고, 촉감을 느끼는 뇌활성)을 포섭(수용)한다(전오식의 수용).

III. 검토 · 결정단계

다음 7-8찰나에 걸쳐 수용된 법경을 검토하여 음미하겠다고 결정한다.

IV. 처리 · 저장단계

좋고, 나쁘고, 판단하는 등등의 음미는 업을 형성한다. 따라서 7찰나에 걸쳐(9-15찰나) 업 형성을 하고 마지막 2찰나(16-17)에 걸쳐 업 형성한 결과를 저장(등록)한다.

17찰나에 걸쳐 하나의 인식이 끝나면 마음은 반드시 바왕가로 되돌아간다. 그 시간이 아무리 짧더라도 일단 바왕가로 돌아간 후 새로운 인식과정으로 나아간다. 따라서 우리는 간단없이 인식하는 것 같지만 사실은 17찰나로 잘라서 인식을 반복한다고 상좌부불교는 설명한다.

자와나(javana)는 충격의 순간(impulsive moment)을 뜻한다. *9번째 찰나에서부터 15번째 찰나에 이르기까지 생멸을 거듭하는 자와나(速行, javana)란 앞의 단계를 걸쳐 수용된 인식내용에 대해 고유의 반응을 일으키는 것을 말한다.* [63] javana란 '재빠름' 혹은 '신속함'을 뜻하는데, 7찰나에 걸쳐 수용·결정된 대상에 대해 좋아하거나 싫어하는 등의 반응들이 순간적으로 투여된다. 이와같이 하나의 수용대상에 대하여 7번의 재빠른 짧은 마음(javana-citta)[64] 이 반복적으로 일어난다. 따라서 이 과정은 업을 짓는 과정이기 때문에 javana를 '업 형성'이라고 하였다. 이들 7찰나의 javana 이외에 인식통로 과정에서 업 형성[유익하거나 해로운 마음의 개입]이 일어나는 곳은 없다.

이와같이 매우 강한 인식대상은 14찰나(처음 3찰나의 수동적 마음은 제외)에 걸쳐 능동적인 인식작용을 한다. 전체적으로 17찰나의 인식작용이 끝나면 마음은 바왕가 상태로 돌아간다. 매우 큰 감각대상을 인식할 때에 우리는 계속 그 대상을 인식하는 것으로 생각하지만 사실

---

63) 임승택 (2013) 상좌부의 마음전개(路心, vīthicitta) 이론에 대한 고찰 - 5가지 감각의 문(五門)을 중심으로. 보조사상 20, 211~254.
64) citta(찌따)는 아비담마(Abhidhamma)에서 '지극히 짧은 시간 동안'만 지속되는 최소 정신 활동을 나타낸다. 반면에 상카-라(saṅkhāra)는 '무수한 찟따'의 전체적 효과를 나타낸다. 따라서 영어의 'thought'는 상카-라에 더 가깝다.

은 17찰나의 짧은 자극과 인식이 반복되는 것으로 보는 것이다. 하지만 약한 인식대상은 인식통로의 4단계를 모두 거치지 못한다. 예로서 매우 약한 인식대상은 1-15찰나 동안 바왕가만 지속되다가 2찰나(16-17찰나)에 걸쳐 동요만 일어난 후 다시 과거의 바왕가로 돌아간다. 의식에 들어오지도 못하고 업 형성도 일어나지 않는다.

한편 마음 속에서(뇌 속에서) 시작하는 법경인 내인적 법경은 빠르게 인식된다. 오문전향 과정 없이 의문전향 후 곧바로 업 형성 마음(ja-vana-citta)으로 들어가기 때문이다. 이와같이 내인적 법경의 인식인 의문(意門) 인식과정은 외인적 법경에 대한 五門認識에 비하여 통과하는 통로가 짧다.

3) 17찰나 인식설의 현대과학적 해석

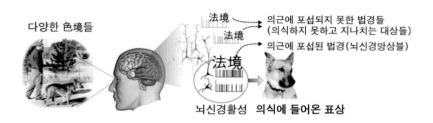

다양한 色境들

法境 → 의근에 포섭되지 못한 법경들
(의식하지 못하고 지나치는 대상들)

法境 → 의근에 포섭된 법경(뇌신경앙상블)

法境

뇌신경활성 의식에 들어온 표상

다시 할아버지가 개와 함께 산책하는 장면을 살펴보자.[65] 이 장면에서 시야의 여러 가지 시각정보가 안근을 통하여 뇌에 들어와 안식을 생성한다. 시야의 시각대상만 하더라도 할아버지, 개, 나무, 길, 풀 등 많이 있다. 할아버지 하나만 하더라도 할아버지의 머리, 모자, 옷, 신발 등이 있으며, 또한 옷은 상의, 하의, 상의의 색깔, 하의의 색깔 등 인식대상은 수없이 많다. 어느 한 순간에 意根은 하나의 대상만 포섭하기 때문에, 현재의 상황을 이해하기 위해서는 매우 빠르게 이런 대상들을 포섭하고 인식해야 한다는 것은 쉽게 짐작이 간다.

안근은 매우 빠른 속도로 시야의 부분들을 훑어가며 초점을 맞춘다.

---

65) Christof Koch (2004) "Figure 1.1: Neuronal correlates of consciousness" in
The Quest for Consciousness: A Neurobiological Approach, Englewood:
Roberts & Company Publishers, p. 16 ISBN: 0974707708.

망막에 맺힌 상은 시상을 거쳐 시각피질에 전달되어 안식을 생성한다. 한 순간을 보면 시각피질에 생성된 안식의 대상은 여러 가지이다. 이 가운데 큰 인식대상[큰 신경활성]에는 의근의 오문(여기서는 눈의 문)전향에 이은 인식이 일어난다. 의식통로를 통과하는 인식대상들이다. 왼쪽 그림의 경우 개에 해당한다. 하지만 크지 않은 인식대상들은 큰 신경활성을 만들지 못하여 인식통로를 지날 때에 업형성마음(javana-citta)을 생성하지 못한다. 이들은 의식에 들어오지 않으며 따라서 인식되지 않는다.

'저게 뭐지' 반응과 인식통로의 비교

특정한 외부자극(error 혹은 cue)이 돌발할 때 이를 감지하고 관심이 그쪽으로 향하는 과정을 뇌과학에서는 '저게 뭐지' 반응("what is it" response, 지향반사 orienting reflex, von Restorff effect)[66]이라 한다. 조용한 환경에서 갑자기 어떤 소리가 나거나 뭔가 나타날 때 뇌에서 일어나는 반응이다. '저게 뭐지' 반응은 돌출자극(소리 혹은 빛)을 주고 머리에 부착한 여러 개의 센서를 통하여 뇌파를 측정하여 관찰한

---

66) Sokolov, EN (1963) Higher nervous functions; the orienting reflex. Annu Rev Physiol. 1963;25:545-80. Rangel-Gomez M, Meeter M. (2013) Electro-physiological analysis of the role of novelty in the von Restorff effect. Brain Behav. 3(2):159-70.

다. 따라서 '저게 뭐지' 반응은 전오식 과정에서 시작한 대뇌의 반응을 머리피부에서 측정한 뇌파이다. 17찰나가 걸리는 인식통로 통과과정은 인식대상이 오감문을 통과한 후 순전히 뇌 속에서 일어나는 과정이기 때문에 '저게 뭐지' 반응은 17찰나보다 더 길 수 있다.

실험적으로는 청각 혹은 시각 자극 후 '저게 뭐지' 반응에서 나타나는 뇌파(EEG)를 사건연관전위(Event-related potential, ERP)라 한다. ERP는 머리의 정수리 부근에서 측정한 뇌파로 자극 후 크게 두 개의 파동으로 나타난다. 구체적으로는 200 밀리초(ms) 전후에 나타나는 뇌파(N2 혹은 N200)와 300 밀리초 전후에 나타나는 뇌파(P3 혹은 P300)이다(Box 3-2). 이 두 뇌파는 머리의 정수리 부근에서 나타난 것이기 때문에 일차시각피질 혹은 일차청각피질에 일어나는 뇌활성이 아니라, 여기에서 시작한 신호전달이 전전두엽으로 들어가 뇌전체로 퍼지는 과정의 뇌활성이라 해석된다. 즉, 소리 혹은 물체(빛)에 대한 하나의 인식이 일어날 때 생기는 뇌활성을 대변하는 뇌파이다. 이 뇌파가 생성되면 우리는 어떤 소리나 물체를 인식한 것이다.

따라서 '저게 뭐지' 반응은 상좌부불교에서 설명하는 '인식통로(vīthi-citta)'를 지나가는 과정으로 비유할 수 있다. '저게 뭐지' 반응은 0.3초(300 밀리초), '인식통로(vīthi-citta)'를 지나가는데는 0.23초(17찰나)가 걸렸다. '저게 뭐지' 반응에서는 안식 혹은 이식이 일어나는 시간이 더해졌다. 또한 뇌활성을 직접 측정한 것이 아니라 두피에서 생성되는 뇌파를 전자기기(센서)를 통하여 계측하였기 때문에 실제 뇌활성보다 시간이 지체되었을 것이다. 이를 감안하면 '저게 뭐지' 반응이 일어나는 시간과 '인식통로' 통과시간은 매우 근접한다고 할 수 있다.

Box 3-2) '저게 뭐지' 반응 ("what is it" response, 지향반사 orienting reflex, von Restorff effect)

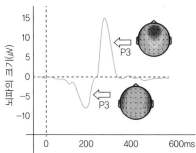

[사건연관전위]

소리, 빛 등의 자극이 돌발적으로 일어날 때 일어나는 뇌파를 '저게 뭐지' 반응이라 하고, 이 때 측정한 뇌파를 사건연관전위(Event-related potential, ERP)라고 한다. 이 실험에서는 청각 자극 후 나타나는 뇌파를 측정하였다. ERP는 정수리 부근에 200 밀리초(ms) 전후에 나타나는 N2 요소(혹은 N200), 300 ms 전후에 나타나는 P3 요소(혹은 P300)가 있다. N2는 뇌파의 크기가 감소하는 것이고 P3는 증가하는 것이다. 둘 다 새로운 자극을 인지하는 신호이다.

갑자기 어떤 소리, 빛 등 자극이 나타나면 우리는 '저게 뭐지'라고 반응한다. '저게 뭐지' 반응을 뇌파(EEG)로 측정할 수 있다. 외부자극에 뇌가 반응하여 활성을 나타내기 때문이다. 실험적으로는 청각 혹은 시각 자극 후 나타나는 뇌파를 측정하는데 이를 사건연관전위(Event-Related Potential, ERP)라 한다. ERP는 크게 두 개의 뇌파 파동으로 나타나는데, 구체적으로는 200 밀리초(ms) 전후에 나타나는 뇌파(N2 혹은 N200)와 300 밀리초 전후에 나타나는 뇌파(P3 혹은 P300)로 나타난다. 모두 새로운 자극을 인지할 때 나타나는 뇌활성이다.

여타 상황과 다른 돌출자극(salient stimulus)은 주의전환(attention shift)을 야기한다. 지향반사(orienting reflex)라고도 하는 '저게 뭐지' 반응은 새로운 것(novelty)을 선별하는 뇌의 반응이다. 한편 새로운 것은 일반적으로 중요한 의미를 가지기 때문에 주의가 가는 것이다. 무언가 새로운 것, 다른 것, 돌출되는 중요한 것을 찾아 포섭하는 것은 의근의 기능이다.

5. 스위치뇌의 기능 - 인지내용 선별(content selection)과 다른 뇌부위로 전파

意根은 대상을 선별(selection)하여 주의(attention)에 불러들이는 신경망이다. 法境을 감지하는 능력을 가진 측면으로 보면 일종의 감각기관으로서 六根의 하나로 분류한 점은 붓다의 지극히 놀라운 통찰이다. 주의는 인지조절신경망(cognitive control network, CCN)의 기능이기 때문에 의근은 인지대상을 선별하여 인지조절신경망으로 불러들이는 인지내용 제공자이다. 의근은 재빠르게 여러 가지 인지대상을 선별하여 주의가 옮겨 다니게 하는 스위치뇌이다.

1) 돌출(salience) 및 에러 탐색

안식이 일어날 때 시야의 중요한 부분에 눈의 초점이 빠르게 옮겨가는 것을 보았다. 사람의 얼굴을 보더라도 눈, 코, 입, 귀를 제일 많이 보고 다른 부위는 가끔 둘러본다. 뺨은 상대적으로 넓지만 특별한 형태적 변화가 없다. 특별히 다르지 않은 것은 중요하지 않아 자세히 볼 것이 없다. 하지만 눈이 어떻게 생겼는지 코는 어떻게 생겼는지는 그 사람의 특징을 결정하는 중요한 부분이며 굴곡이 많고 복잡하여 얼굴의 다른 부위에 비하여 정보가 많이 있는 특별한 부분이다. 이와같이 眼根은 시야에서 주변과 다르고 중요한 부분을 먼저 포섭한다. 평범한 것보다는 특별하게 돌출(salience)된 것을 먼저 찾아낸다. 달리 말하면 특별하게 돌출된 것은 주변의 다른 것들과 틀린 것(에러, error)들이다. 우리는 주변과 '다르고 특별한 것'에 관심을 갖는 것이다. '특별한 것은 중요한 것'이라는 본능에 의한 것이다. 그렇게 우리는 진화했다. 이와 같이 뇌는 다르고 중요한 것을 찾아내고, 거기에 특별히 가치를 주어 잘 기억하게 한다. 특별한 가치를 준다는 것은 그러한 것들을 접했을 때 주의를 환기시키고 잘 기억할 수 있게 한다는 뜻이다. 이러한 기능을 뇌의 가치체계(value system)라 하는데 앞에서 언급한 상행그물활성계(ARAS)의 기능 가운데 하나이다.

앞에서 개와 함께 산책하는 할아버지를 보는 광경에서도 개와 할아버지는 그 시야에서 특별한 존재다. 그 장면을 이해하는데 가장 중요한 특별한 대상이다. 특별한 부분은 뭔가 다르거나 중요하다는 것이다. 따라서 특별한 정보를 제공하거나 주변과 다른(틀린) 부분에 우리는 주목한다. 의근은 이런 것을 찾아내고 여기에 주의를 집중한다.

2) '저게 뭐지' 반응

특정한 외부자극(error 혹은 cue)이 돌발할 때 이를 감지하고 관심이 그쪽으로 향하는 과정을 뇌과학에서는 '저게 뭐지' 반응("what is it" response, 지향반사 orienting reflex, von Restorff effect)이라 한다. 前五識을 예로 볼 때, 조용한 환경에서 갑자기 어떤 소리가 나거나 뭔가 나타날 때 뇌에서 일어나는 반응이다. 소리는 조용한 것과 다르다. 아무것도 없다가 갑자기 뭔가 시야에 나타나는 것도 뭔가 다른 돌출사건이다. 어떻게 뇌는 이런 돌출자극을 알아차릴까? 너무 당연히 받아들이는 현상이지만 뇌에 이런 기능이 없으면 소리가 나도, 뭔가 시야에 나타나도 우리는 그런 것들을 감지하지 못한다. 잠잘 때나 뭔가 골똘히 생각할 때는 주변에 시끄러운 소리(예, 기차 소리)가 나도 알아차리지 못한다. 잠잘 때는 '저게 뭐지' 반응 기능이 차단되어 있기 때문이다. 뭔가 골똘히 생각할 때는 그 기능이 현재의 과제에 집중하고 있기 때문에 돌출자극이 있어도 그것을 감지하지 못한다. 집중하면 집중대상에 대한 자극은 증가되고 나머지 자극은 억제된다. 전자에서는 의근의 기능이 차단되어 있고, 후자의 경우는 의근이 현재의 대상에 너무 집중하고 있어 다른 대상으로 향하지 않았기 때문이다. '저게 뭐지 반응'은 의근의 내용선택 반응이다. 한 번에 하나만 선택(접근)할 수 있는 意根이다.

스위치신경망(돌출탐지신경망, salience network, SN)

외부돌출자극(salience, 즉 error 혹은 cue)을 찾아내는 기능은 뇌의 스위치신경망(돌출탐지신경망 salience network, SN)이다.[67] 돌출자극을 탐지하여 뇌가 거기에 맞는 반응을 하도록 지시하는 신경망이다. 이 신경망은 인지조절신경망 가운데 배쪽주의신경망(ventral attention network)에 해당한다.

뇌의 어느 부위가 스위치신경망에 해당하는지는 뇌파(EEG)를 측정하여 관찰할 수 있다. 예로서, 머리의 다양한 부위에 뇌파탐침자를 설치하고 갑자기 소리를 들려주면 가장 먼저 뇌파반응이 일어나는 부위가 스위치뇌일 것이다. 보다 정밀하게는 기능성자기공명영상(fMRI)을 보면 외부돌출자극에 대한 반응은 오른쪽 전두-뇌섬엽피질(right fronto-insular cortex, rFIC)에서 제일 먼저 나타난다. 따라서 rFIC에 인지대상을 선택하는 기능이 있는 것이다. rFIC에서 제일 먼저 시작된 선택시작('switch-on') 반응은 앞대상피질(anterior cingulate cortex, ACC), 배쪽가쪽전전두엽(ventrolateral prefrontal cortex, vlPFC), 뒤두정엽(posterior parietal cortex, rPPC) 등으로 퍼져나간

67) Devarajan Sridharan, Daniel J. Levitin, Vinod Menon. (2008) A critical role for the right fronto-insular cortex in switching between central-executive and default-mode networks. PNAS 105(34), 12569-12574.

다. 선택된 대상(즉 법경)에 대한 신호를 인지조절신경망으로 전달하
는 과정이다.

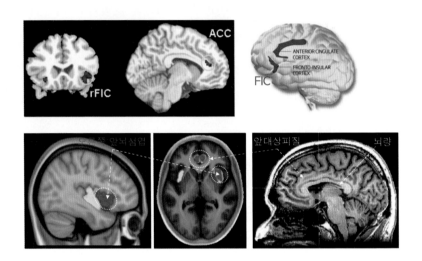

[스위치뇌 부위]

소리나 빛과 같은 외부돌출자극에 빠르게 반응하는 뇌부위를 스위치뇌라 한다. 오른
쪽 전두뇌섬엽(rFIC)이 가장 먼저 반응하고, 이어서 앞대상피질(ACC)이 반응한다.
왼쪽은 두 부위를 나타내는 fRMI 뇌영상이다.[68] 오른쪽 그림은 겉에서 본 FIC와
ACC 위치를 표시한다. 사실 두 부위 모두 속에 감추어져 있어 밖에서는 보이지 않
는다. 그리고 그림은 왼쪽 대뇌반구를 보여주는데 사실 스위치뇌는 반대측, 즉 오른
쪽 대뇌반구에 있다. FIC는 배쪽가쪽전전두엽(ventrolateral prefrontal cortex,
vlPFC)과 앞뇌섬엽(anterior insula, al)을 합해서 지칭한다. 뇌섬엽은 접쳐서 속으
로 들어갔을 뿐이지 vlPFC와 al는 연결된 구조이다.

---

68) Devarajan Sridharan, Daniel J. Levitin, Vinod Menon. (2008) A critical role
for the right fronto-insular cortex in switching between central-executive
and default-mode networks. PNAS 105(34), 12569-12574.

오른쪽 전두-뇌섬엽피질(rFIC)이 돌출자극 후 가장 먼저 활성을 나타낸다

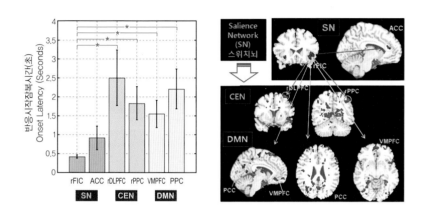

[돌출자극의 탐색과 전파]

리를 들려준 후 fMRI로 뇌활성의 변화를 촬영하였다. 왼쪽 그래프를 보면 오른쪽 전두뇌섬엽피질(rFIC)이 가장 먼저 반응하고 이어서 앞대상피질(ACC)이 반응한다. 이 두 구조는 스위치뇌(SN)이다. 이어서 중앙관리망(CEN)의 오른쪽 등쪽가쪽전전두엽(rDLPFC), 오른쪽 뒤두정엽(rPPC) 및 기본모드망의 배쪽안쪽전전두엽(VMPFC), 뒤대상피질(PCC)의 활성이 뒤따른다. 오른쪽 뇌영상에서는 rFIC에서 시작한 뇌활성이 중앙관리망 및 기본모드신경망(DMN)으로 퍼져나가는 것을 표시하였다.

위 그림은 청각주의전환실험에서 스위치망(SN, blue bar), 중앙관리망(CEN, green bar) 및 기본모드망(DMN, yellow bar)에서 일어나는 소리-연관 반응을 보여준다. [69] 왼쪽은 소리를 들려준 후 반응이 시작되는데 걸리는 시간, 즉 반응시작잠복시간을 보여준다. 소리를 들려준 후 얼마의 시간이 경과한 후에 반응을 하였는지 측정한 것이다. 오른쪽 전두-뇌섬엽피질(rFIC)의 잠복시간이 제일 짧다. 즉, 소리를 들려준 후 제일 먼저 반응한 뇌부위이다. 그 후 곧바로 앞대상피질(ACC)에 활성이 나타난다. rFIC와 ACC는 스위치뇌이다. ACC에 이어서 거의 동시적으로 rDLPFC, rPPC, VMPFC, PCC에서 활성이 일어난다. 스위치뇌에서 중앙관리망, 기본모드망(VMPFC, PCC)으로 신호가 퍼지는 것이다. 오른쪽 뇌영상은 rFIC로부터 각 부위에 신호가 전달되는 것을 표시하였다.

위 그림에서 반응측정방법에 대하여 이해할 필요가 있다. 소리자극 후 뇌에 반응이 오는데 걸리는 시간(반응잠복시간)이 rFIC가 제일 짧은데 그래도 0.4초 후에 반응이 나타났다. 이는 뇌파로 측정한 사건연관전위에서 N2의 0.2초 및 P3의 0.3초에 비하여 시간이 더 걸렸다. 왜 그럴까? 이 차이는 신호측정방법이 달라서 그렇다. N2 신호는 뇌파를 측정한 신호이다. 뇌파는 뇌신경세포의 활성이 나타내는 신호이기 때

---

69) Sridharan D, Levitin DJ, Menon V (2008) A critical role for the right fronto-insular cortex in switching between central-executive and default-mode net-works. Proc Natl Acad Sci USA. 105(34):12569-74.

문에 뇌활성과 거의 동시에 나타나는 신호이다. 하지만 여기에서는 rMRI를 이용한 측정으로 혈액산소수준의존(blood oxygenation level dependent, BOLD) 신호이다. 이는 소리자극 전과 후에 뇌활성부위로 혈액이 흘러가는 양의 차이를 측정한신호이다. 즉 신경세포들의 활성이 있으면 그 뇌부위에 에너지가 더 필요하기 때문에 혈관으로부터 혈액과 산소가 더 공급될 것이다. 이러한 신경세포들의 활성 후 혈액흐름의 변화를 측정하기 때문에 당연히 신경세포의 활성보다는 시간적으로 늦게 나타난다.

6. 방추체신경세포: 의근의 주된 역할을 하는 신경세포인가?

1) 방추체신경세포는 매우 큰 두극신경세포이다

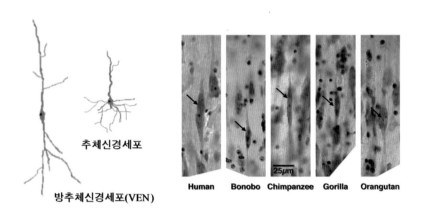

추체신경세포

방추체신경세포(VEN)

Human Bonobo Chimpanzee Gorilla Orangutan

[방추체신경세포(VEN)]

방추체신경세포는 세포체 아래와 위쪽으로 큰 돌기가 하나씩 뻗어 나오며 세포체는
방추모양으로 일반적인 출력신경세포인 추체신경세포보다 매우 크다. 오른쪽 조직염
색사진[70]은 사람과 영장류(사람, 보노보, 침팬지, 고릴라, 오랑우탄)의 전두-뇌섬엽
피질(FIC)에 있는 방추체신경세포를 보여준다.

---

70) Allman JM et al. (2010) The von Economo neurons in frontoinsular and ante-
rior cingulate cortex in great apes and humans. Brain Struct Funct. 2010
Jun;214(5-6):495-517. doi: 10.1007/s00429-010-0254-0.

방추체신경세포(spindle neuron)는 1929년 오스트리아 심리학자이자 신경과의사인 이코노모(Constantin von Economo, 1876–1931)가 발견하여 von Economo neuron (VEN)이라 불리기도 한다.[71][72] 이 특별한 신경세포는 대뇌의 일반적인 출력세포인 추체신경세포(pyramidal neuron)보다 5배나 크다.

방추모양의 이 방추체신경세포는 출력세포이지만 모양이 특이하여 세포체에서부터 아래·위쪽으로 단 하나씩의 큰 가지돌기들 - 각각 바닥가지돌기(basal dendrite) 및 꼭대기가지돌기(apical dendrite)라 한다 - 을 뻗어낸다. 이와같이 아래·위쪽으로 두 극을 만들기 때문에 이들은 두극신경세포(bipolar neuron)로 분류된다. 이와 달리 추체신경세포들은 많은 바닥가지돌기들을 뻗어내기 때문에, 방추세포의 이러한 모양은 매우 특이하다. 또한 방추체신경세포는 매우 큰 신경세포이기 때문에 멀리 뻗는 축삭으로 신호를 빠르게 멀리 전달하는 것으로 추정된다. 큰 신경세포가 멀리 빨리 신호를 전달하기 때문이다.

71) von Economo, C., & Koskinas, G. N. (1929). The cytoarchitectonics of the human cerebral cortex. London: Oxford University Press.
72) Allman JM et al. (2010) The von Economo neurons in frontoinsular and anterior cingulate cortex in great apes and humans. Brain Struct Funct 214:495-517.

추체신경세포(pyramidal neuron)와 기능 비교

뇌의 작동근거는 신경회로인데 대뇌피질의 한 지점과 다른 지점의 연결은 신경세포들 그룹과 그룹의 연결로 되어 있다. 이 그룹을 피질원주(cortical column)라 하는데 뇌의 바깥에서 속으로 막대모양으로 형성되어 있어 이들을 피질원주라 한다. 흔히 하나의 세포가 다른 지점에 있는 하나의 세포와 연결하는 방식으로 신경회로를 설명하지만 이는 정확한 설명이 아니다. 많은 세포가 집단을 이루어 피질원주를 형성하고, 이 원주 내에 있는 어떤 세포는 신호를 받고 어떤 세포는 신호를 내보는 역할을 하며, 또한 다른 어떤 세포는 그룹 내 연결을 담당한다. 따라서 실제로는 대뇌피질의 피질원주가 신경회로의 연결단위이다. 일반적으로 피질원주에서 피라미드 모양으로 생긴 추체신경세포가 출력을 담당한다.

VEN 신경세포는 추체신경세포에 비하여 매우 크고 가지돌기의 가지치기가 비교적 단순하다. 또한 이 신경세포들은 스위치뇌가 있는 오른쪽 대뇌반구에 더 많이 분포한다.

이러한 모양새와 분포양상은 VEN 신경세포가 기본적 정보를 매우 빠르게 다른 뇌부위로 전달하는 것으로 보인다. 반면에 주변에 있는 추체신경세포는 보다 느리지만 정밀한 정보를 보낼 것이다. 이처럼 VEN 신경세포는 커다란 가지돌기로 신호를 효율적으로 포착하고 빠른 속도로 다른 뇌부위로 전달하는 것으로 추정된다.

2) 방추체신경세포(VEN)는 전두-뇌섬엽피질 및 앞대상피질에서만 존재한다

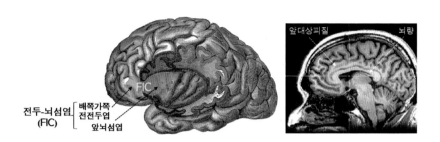

[전두 - 뇌섬엽과 앞대상피질]

전두뇌섬엽(FIC)은 뇌섬엽의 앞부분(앞뇌섬엽 anterior insula)과 이와 앞쪽으로 연결된 전전두엽, 즉 배쪽가쪽전전두엽(vlPFC)을 합한 부분이다. 뇌섬엽은 겉에서 보이지 않는다. 앞대상피질은 대뇌반구의 안쪽면에서 뇌량(뇌들보 corpus callosum) 위에 있다.

VEN 경세포는 매우 큰 두극신경세포(bipolar neuron)로서 사람과 (科, hominoidea)의 전두-뇌섬엽피질(fronto-insular cortex, FI 혹은 FIC) 및 앞대상피질(ACC)에서 주로 발견된다.[73][74] 전두-뇌섬엽

73) Von Economo, C. and Koskinas, G. (1925) Die Cytoarchitectonik der Hirn-rinde des erwachsenen Menschen, Springer.

74) Allman JM, Tetreault NA, Hakeem AY, Manaye KF, Semendeferi K, Erwin JM, Park S, Goubert V, Hof PR. (2011) The von Economo neurons in the frontoin-sular and anterior cingulate cortex. Ann N Y Acad Sci. 1225:59-71.

(FIC)은 전두엽의 안와피질(orbital cortex) 바로 옆에 있는 배쪽가쪽 전전두엽(vlPFC)과 여기에 이어져 있는 앞뇌섬엽(anterior insula, aI)을 지칭한다.

3) 방추체신경세포(VEN)는 가장 최근에 진화한 동물에서 나타난다

VEN은 영장류에서 주로 발견되는데 원숭이보다 사람에서 더 많다. 진화적으로 가장 최근에 나타났다는 의미이다. 사람과는 사람, 고릴라, 침팬지, 오랑우탄 등의 대형 유인원을 포함하는 영장류(Hominoidea 유인원)의 한 과(科)이다. VEN은 침팬지에는 1,808개, 보노보에는 2,159개, 고릴라에는 16,710개로 수가 늘어난다. 사람의 경우 성인 193,000개, 4세 184,000개, 신생아 28,200개가 발견된다. VEN은 최근 고래류[cetaceans(혹등고래, humpback, 큰고래 fin, 범고래 killer, 향고래 sperm whales)]에서도 발견되었다. 이는 지능이 높은 동물에 나타난다는 의미이다.

VEN은 발생단계에서도 후기에 나타나는데, 사람의 경우 임신 35주에 처음으로 나타나며, 출생시 성인의 15% 그리고 4세에 성인의 수에 다다른다. 영장류와 같은 진화의 후기 동물에서 나타나며, 발생학적으로도 후기에 나타난다는 사실은 이 신경세포가 매우 고등한 기능을 함을 시사한다.

4) 방추체신경세포(VEN)는 신호가 전전두엽으로 드나드는 주요 길목에 위치한다

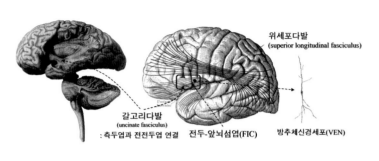

위세포다발
(superior longitudinal fasciculus)

갈고리다발
(uncinate fasciculus)
: 측두엽과 전전두엽 연결   전두-앞뇌섬엽(FIC)   방추체신경세포(VEN)

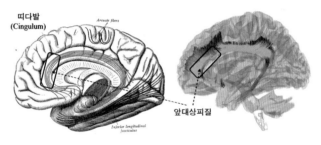

띠다발
(Cingulum)

앞대상피질

[방추체신경세포가 발견되는 위치]

갈고리다발(uncinate fasciculus)은 측두엽과 전전두엽을 연결한다(위그림). 앞대상피질(ACC) 속으로는 측두엽을 비롯한 다양한 뇌부위와 전전두엽을 연결하는 띠다발(cingulum)이 지나간다. 이와같이 전두-뇌섬엽(FIC)과 전대상피질 속으로는 뇌의 다양한 부위에서 전전두엽으로 들어가는 축삭들이 모여드는 길목에 해당한다. 이 부위들에 많은 VEN 신경세포들이 발견된다.

앞대상피질(ACC) 속에는 띠다발(cingulum)이 지나간다. 띠다발은 안와전두엽, 뇌섬엽, 앞측두피질, 편도체, 시상하부, 해마 그리고 다양한 시상핵들을 전전두엽과 연결하는 축삭다발들이다. 그리고 전두-뇌섬엽(FIC) 부위는 갈고리다발(uncinate fasciculus)이 지나가는 길목이다. 갈고리다발은 측두엽에 있는 해마와 편도체 부위를 안와전두피질(orbitofrontal cortex) 등의 전전두엽으로 연결한다. 해마는 최고위 시각정보 처리가 일어나는 곳이며, 편도체는 감정중추이다. 이처럼 전전두엽으로 신호가 드나드는 주요 길목에 VEN 신경세포들이 위치한다. 최종적으로 처리된 시각 및 감정정보들을 비롯한 많은 정보들이 전전두엽으로 올라가는 길목에 VEN이 위치하고 있다가 드나드는 신호들을 탐지하는 것이다. 이는 마치 물고기들(뇌의 신호정보들)이 지나가는 길목에 처놓은 커다란 그물망(VEN)과 같이 비유될 수 있다.

5) 방추체신경세포는 스위치뇌 부위에 위치한다

VEN은 특히 오른쪽 반구의 전두뇌섬엽(FIC)에 더 많이 존재한다. 오른쪽 전두뇌섬엽피질(rFIC)은 '저게 뭐지(What is it)' 반응에서 제일 먼저 활성을 갖는다. 이 반응은 외부돌출자극(salience, 즉 error 혹은 cue)에 뇌가 반응하는 것이며, 이는 스위치뇌의 기능이다. 스위치뇌는 뭔가 특별한 자극(대상)을 탐지하여 거기에 필요한 대응을 할 수 있도록 명령을 내리는 뇌이다. 스위치뇌(오른쪽 전두-뇌섬엽, rFIC)에 위치하고 있는 이 커다란 투사(投射, projection) 신경세포는 아마도 외부돌출자극을 탐지할 뿐 아니라, 뇌의 다른 광범위한 부위로 명령을 전달하는데 특화된 것 같다. 커다란 가지돌기는 감각정보를 탐지하는데 형태학적으로 매우 유리할 것이다. 매우 큰 그물(가지돌기)을 펼쳐놓고 걸려드는 고기(신호)를 잡는 것은 작은 그물을 사용하는 것에 비하여 유리하다! 또한 VEN은 탐지한 돌출감각을 빠른 속도로 뇌의 다른 부위로 멀리 보내는데도 유리하다. 큰 신경세포들은 큰 축삭을 가지고 있어 활동전위의 이동속도가 빠르기 때문이다.

6) 방추체신경세포는 대상을 인지하는 순간 강한 활성을 갖는다

방추체세포가 위치하는 부위들은 외부환경의 자극에 보다 민감하게 반응한다. 실험을 해 보면, 어떤 대상(object)을 잡음(noise)으로부터 서서히 드러낼 때, 피검자가 그 대상을 인지하는 순간 이 부위들은 매우 강한 활성 - 특히 오른쪽 뇌부위에서 - 을 보인다.[75] 이는 외부감각을 가장 먼저 빠르게 포섭하는 부위임을 의미한다. 이는 바로 의근의 역할이다.

---

75) Ploran E, Nelson S, Velanova K, Petersem S, Wheeler M (2007) Evidence accumulation and moment of recognition: Dissociating perceptual recognition processes using fMRI. Journal of Neuroscience. 27:11012-11924. Nelson S, Dosenbach N, Cohen A, Schlaggar B, Petersen S (2010) Role of the anterior insula in task level control and focal attention. Brain Structure and Function 214:669-680.

rFIC는 감각자극에 대한 이러한 지각인식(perceptual recognition) 뿐 아니라 직관(intuition), 빠른 통찰적 해결(rapid insightful solu-tions, '아하' 순간("aha" moments)에도 빠른 활성을 보인다. '인식', '해결', '아하' 순간들은 모두 새로운 신경활성이 일어나는 순간일 것이다. 스위치뇌(rFIC)는 이러한 순간에 빠른 활성을 보인다. 방추체세포가 특이한 법경을 포섭하는 과정이며, 의근의 활성화가 일어나는 순간이다. 따라서 VEN은 의근의 주된 신경세포라 해도 과언이 아니다.

7) FIC와 ACC의 고등 뇌기능

VEN은 고등지능을 갖는 동물의 FIC와 ACC에 나타난다고 했다. 이 두 부위는 감각자극의 인식에서 스위치뇌 기능을 할 뿐 아니라 다른 여러 가지 고등기능을 한다. 자율신경계, 둘레계통, 감각 및 전전두엽의 고등뇌기능과의 연결을 통하여 감정조절, 공감, 내장 자율신경 활성의 감시, 사회적 관계의 추론(social reasoning, 사회적 관계에서 나의 위치와 역할 파악) 등에 관여한다. 또한 VEN은 직감(intuition), 판단(judgment), 주의(attention), 사회관계 각성(social awareness), 항상성(homeostasis) 유지 등 뇌의 고등기능에 중요한 역할을 할 것으로 보인다.

뇌의 고등기능에 VEN이 중요한 역할을 할 것이라는 가정은 임상환자의 증상에서도 추측된다. VEN은 전두측두치매(fronto-temporal dementia, FTD) 초기에 특징적으로 사멸한다. FTD의 가장 큰 특징 중의 하나는 초기에 '성격 변화'가 먼저 온다는 것이다. FTD환자는 감정 및 표현의 소실, 판단능력소실(dissolution of judgment), 무딘감정성(blunted emotionality) 등과 같은 성격변화로 흔히 이상한 행동을 하는데, 이러한 변화는 VEN의 사망시기와 일치한다. 이 사실은 VEN 신경세포들이 공감, 사회성 인지, 자기조절 등에 관여함을 시사한다. 이러한 기능은 뇌신경신호전달의 주요 길목에 위치하여 효율적으로 정보를 수집하고 전달하는 형태적 및 지정학적 특성을 지닌 VEN의 역할에 기인하는 것으로 보인다.

7. 기능적으로 본 뇌의 3가지 신경망: CEN, SN, DMN

나른한 봄 날 흔들의자에 앉아 졸고 있으면 어떤 마음이 오갈까? 사위는 조용하여 특별한 소리도 특별한 시각적 자극도 없다. 이럴 땐 틀림없이 우리는 자신에 대한 생각을 한다. 현재상황에 대한 나의 생각을 하거나 과거나 미래에 대한 덧없는 생각이 흘러간다. 기본모드신경망(default-mode network, DMN)의 작용이다.

그러다가 누군가 들어오는 발자국소리가 들리든가, 나비 한 마리가 날아가는 것이 보이면 그쪽에 마음이 간다. 중앙관리신경망(central executive network, CEN)의 기능이다. 나에 대한 생각은 온데간데 없다. 나에 대한 생각과 나비에 대한 생각은 동시에 일어나지 않는다. 외부자극(나비)에 대한 마음이 일어나면 나에 대한 생각은 중단된다. DMN과 CEN 두 가지 뇌기능이 동시에 작동하지 않는다(오른쪽그림)[76]이 두 가지 뇌기능을 서로 바꿔주는 것이 스위치신경망(돌출탐색신경망 salience network, SN)의 기능이다.

---

76) Fox MD et al., (2005) The human brain is intrinsically organized into dynamic, anticorrelated functional networks. PNAS 102 (27), 9673-9678.

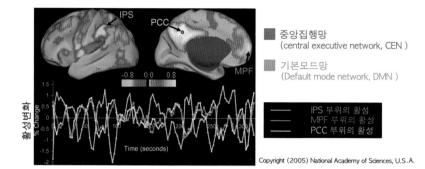

[중앙관리망과 기본모드망의 뇌부위와 활성 변화]

파란색은 외부자극에 반응하여 활동하는 중앙관리망(CEN) 부위들이고, 붉은색은 외부자극이 없을 때 활동하는 기본모드망(DMN) 뇌부위들이다. 아래 그래프는 시간에 따른 각 부위 활성의 변화를 기록한 것이다. IPS는 중앙관리망에 속하는 뇌부위이고, PCC와 MPF는 기본모드망에 속한다. 중앙관리망의 활성이 증가하면 기본모드망의 활성은 감소하고, 반대로 기본모드망의 활성이 증가하면 중앙관리망의 활성이 감소함을 유의하라. IPS (intraparietal sulcus 두정속고랑); PCC (posterior cingulate cortex 뒤대상피질); MPF (medial prefrontal cortex 안쪽전전두엽)

1) 사람뇌의 3가지 기능적 뇌신경망

사람뇌는 크게 보았을 때 3가지 기능부위가 있다. 외부자극에 반응하여 활동하는 뇌는 전오식을 담당하는 뇌에 해당한다. 전오식을 행하고 있지 않을 때 활동하는 뇌부위도 있다. 그리고 이 두 가지 기능부위들의 활동을 서로 바꾸어주는 뇌부위도 있다. 이 3가지 뇌기능부위들과 신경망은 다음과 같다.

(1) 중앙관리신경망(central executive network, CEN): 외부자극
에 반응하여 일하는 뇌. 예로는,
  • dorsolateral prefrontal cortex (DLPFC 등쪽가쪽 전전두엽)
  • posterior parietal cortex (PPC 뒤두정엽)
(2) 기본모드신경망(default-mode network, DMN): 특별한 외부
자극이 없을 때 자기 자신에 대한 생각을 하는 뇌. 예로는,
  • ventromedial prefrontal cortex (VMPFC 배쪽안쪽 전전두엽)
  • posterior cingulate cortex (PCC 뒤쪽대상피질)
(3) 스위치신경망(돌출탐색신경망, salience network, SN): 돌출자
극을 감지하고 CEN, DMN을 상호 반전시키는 뇌. 예로는,
  • fronto-insular cortex (FIC 전두뇌섬엽피질)
  ✓ ventrolateral prefrontal cortex (vlPFC 배쪽가쪽 전전두엽)
  ✓ anterior insula (앞뇌섬엽)
  • anterior cingulate cortex ((ACC 앞쪽대상피질)

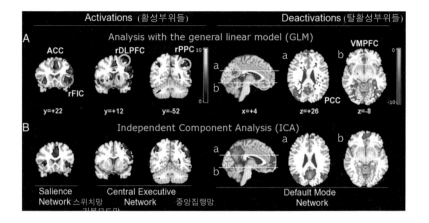

[3가지 기능뇌부위을 보여주는 fMRI 영상]

소리를 들려주었을 때 일어나는 뇌활성을 찍은 기능성자기공명영상(fMRI)이다. 소리
에 반응하여 스위치망(돌출탐색신경망, salience network, SN)과 중앙관리망(cen-
tral executive network, CEN) 부위들은 활성이 증가한다(빨간색). 반면에 기본모
드신경망(default mode network, DMN) 부위들의 활성은 줄어든다(탈활성화, 파
란색). A와 B는 각기 다른 방법으로 측정하였지만 동일한 결과를 나타내었다. 기본모
드망에서 a 및 b 위치의 단면도를 오른쪽 영상들에 나타내었다. ACC, anterior cin-
gulate cortex (앞대상피질); rFIC, right fronto-insular cortx (오른쪽 전두-뇌섬엽);
rDLPFC, right dorsolateral prefrontal cortex (오른쪽 등쪽가쪽전전두엽); rPPC
(right posterior parietal cortex 뒤두정엽); PCC (posterior cingulate cortex 뒤
대상피질); VMPFC (ventromedial prefrontal cortex 배쪽안쪽전전두엽).

02

意識

의식 | consciousness

제1장

인식의 다양한 수준

오온에서 식[識, 알아차림]은 현대 신경과학에서 인식
(awareness, perception)에 해당한다. 인식은 감각표상
(감각지, percept)을 알아차림(의식)하는 것이다. 감각표상
은 감각기관에 의하여 뇌에 생기는 뇌활성이다. 이 뇌활성은
낮은 차원의 신호분석 뇌부위에서 점점 더 높은 차원의 뇌부
위로 올라가고 종국에는 의근에 포섭되어 의식에 들어온다.
따라서 인식은 여러 단계를 거쳐 알아차림되며 그 알아차림
수준도 다양하다. 여기에서는 이러한 다양한 인식수준에 대
하여 살펴본다.

1. 인식(awareness)의 수준

의식(consciousness)은 무의식과 대비된다. 하지만 의식은 정도의 차이가 있다. 그것은 뇌가 인식활동을 하는 수준에 의하여 결정된다. 그리고 뇌의 인식활동은 뇌신경세포의 활성에 의존한다. 따라서 뇌신경세포들의 활성정도에 따라 의식의 수준이 결정된다.

1) 다양한 깊이의 혼수상태 : 식물상태 & 최소의식상태 - 의식과 의사표현은 분리된다

의식이 있다고 하여 반드시 의사표현을 할 수 있는 것은 아니다. 의식의 수준이 낮으면 의식은 있지만 의사표현을 하지 못한다. 위 왼쪽그림은 의근이 의식(마음)을 생성하는 과정과 의사표현 과정을 보여준다. 외부자극(前五境)은 前五根의 수용부위(receptive field)[77]를 통하여 감지되어 활동전위로 바뀌고, 이 활동전위는 척수 → 뇌간 → 감각시상을 거쳐 감각피질에 활성을 일으킨다. 이 뇌활성은 法境이 되어 意根의 포섭대상이 된다.

---

77) 수용부위(receptive field)는 자극에 반응을 일으키는 감각영역(sensory space)이다. 시각의 경우 망막이 수용부위이며 더 구체적으로는 점을 분석하는 'ON'-center, 'OFF'-center이다. 촉감의 경우 피부가 수용부위이며 구체적으로는 촉감수용체가 있는 부위이다.

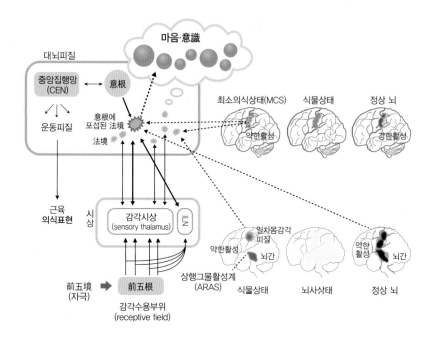

[다양한 수준의 의식상태와 신경기전]

왼쪽그림은 의근이 의식(마음)을 생성하는 과정과 의사(의식)표현의 신경기전을 보여준다. 외부자극(前五境)은 前五根에 의하여 감지되고, 이는 척수 → 뇌간 → 감각시상을 거쳐 대뇌감각피질에 활성을 일으킨다. 이 뇌활성은 法境이 된다. 또한 외부자극의 전달은 축삭곁가지(collateral)들을 내어 뇌간에서 상행그물활성계(ARAS)를 만든다. 이는 수질판내핵군(ILN)을 거쳐, 의근에 포섭된 감각피질의 뇌활성 ⇄ 감각시상 사이의 감마진동을 유도하여 법경을 의식에 불러들인다. 정상인의 경우 의근에 포섭된 법경의 활성이 충분히 커져서 의식에 들어올 뿐 아니라 중앙관리망(CEN)[78]의 작동으로 운동피질로 신호가 전달되고 본인의 의사를 표현한다. 오른쪽 아래사진들은 통증에 대한 뇌활성을 보여주는 영상이다.[79] 정상뇌의 경우 뇌간과 일차몸감각피질에 강한 활성이 있음을 보여준다. 반면에 뇌사상태인 경우 뇌활성이 전혀 없다. 그렇기 때문에 의식도 의사표현도 없다. 하지만 식물상태나 최소의식상태 뇌의 경우 뇌간과 일차몸감각피질에 약간의 반응이 나타남을 보여준다(오른쪽 위

그림). 이 경우 뇌활성 정도에 따라 다양한 수준의 의식표현반응이 나타날 수 있다.

외부자극이 척수신경세포들의 축삭을 통하여 뇌간으로 상행전달될 때에 축삭의 곁가지(collateral)들이 만들어진다. 이 곁가지들은 뇌간에서 상행그물활성계(ARAS)[80]를 만든다. 상행그물활성계는 대뇌의 신경세포들의 활성을 증가시켜 뇌를 각성시키는 신경계통들이다. 이 가운데 수질판내핵군(ILN)을 거치는 상행그물활성계는 '감각시상' ⇄ '감각피질' 사이에 감마진동을 일으켜 포섭된 법경(감각피질 뇌활성)의 활성을 증가시키고 의식에 불러들인다. 이때 정상인의 경우 감각피질의 뇌활성 즉, 법경의 활성이 충분히 커서 의식에 들어올 뿐 아니라 중앙관리망(central executive network, CEN)[81]의 작동을 거쳐 운동피질로 신호가 전달되어 본인의 의사를 표현한다. 의사표현은 근육의 움직임이 필요하기 때문이다. 이 의사표현은 손가락을 움직인다든가 눈썹을 깜박인다든가 하는 아주 미약한 표현에서부터 언어나 손·발짓을 통

---

78) 외부감각에 반응하여 대처하는 뇌신경망이다.

79) Laureys, S. et al. Cortical processing of noxious somatosensory stimuli in the persistent vegetative state. Neuroimage 17, 732-741 (2002).

80) 상행그물활성계는 뇌간의 그물형체로부터 대뇌로 상행하여 대뇌를 활성시켜 각성정도를 결정한다.

81) 중앙관리망은 외부자극에 반응하여 대응활동을 하는 뇌신경망을 지칭한다. 기능적으로 뇌는 외부자극에 반응활동을 하는 중앙관리망, 외부자극이 없을 때 망상을 하는 기본모드신경망(default mode network), 그리고 이 두 신경망 사이를 옮겨가게 하는 스위치신경망(salience network)으로 되어 있다.

한 분명한 표현일 수 있다.

위 그림에서 오른쪽 아래사진은 심한 통증을 유발한 경우의 뇌활성을 보여주는 영상이다.[82] 정상뇌의 경우 뇌간과 일차몸감각피질에 강한 활성이 있음을 보여준다. 반면에 뇌사상태인 경우 뇌활성이 전혀 없다. 그렇기 때문에 의식도 의사표현도 없다. 하지만 식물상태 뇌의 경우 뇌간과 일차몸감각피질에 약간의 반응이 나타남을 보여준다. 이 부위들의 뇌활성 정도에 따라 다양한 반응이 나타날 수 있다. 예로서 아래 Box 1-1)의 '12년 만에 깨어난 식물인간 남성'과 같이 주위 사람들의 대화를 의식할 수은 있으나 거기에 대한 반응을 할 수 없는 경우이다. 반응을 하려면 근육을 움직여 눈을 깜빡이든가 손을 흔든다든가 말을 한다든가 하여야 하는데 그렇게까지는 할 수 없다는 것이다. 한편 뇌간 및 감각피질의 뇌활성이 매우 약해서 의근에 전혀 포섭되지 않으면 의식이 없을 것이다. 의근에 포섭되기 위해서는 감각의 크기가 어느 정도 이상 커야 한다. 이는 부파불교의 인식론에서도 '아주 작은 감각대상(atiparitta)'은 인식과정(인식통로)을 통과할 때 의식에 들어오지 못하고, 업형성 마음(javana citta)도 일으키지 못하며, 오직 바왕가의 동요만 일어났다가 사라진다'와 같이 설명한다. 감각대상이 작으면 감각의 크기가 작다. 큰 감각이더라도 뇌손상이 일어나 감각반응이 작

---

82) Laureys, S. et al. Cortical processing of noxious somatosensory stimuli in the persistent vegetative state. Neuroimage 17, 732-741 (2002).

아지면 의식에 들어오지 못한다.

하지만 의근에 포섭될 정도로 어느 정도 강한 뇌활성을 일으키면 그 법경은 의근에 포섭되어 미약한 의식이 생성될 수 있다. 최소의식상태 (minimally conscious state, MCS)이다. 그렇지만 중앙관리망(CEN) → 운동피질로 신호를 전달할 만큼 강한 뇌활성이 아니어서 의사표현은 하지 못한다. (오른쪽 위 사진)[83] 의사표현을 하기 위해서는 근육을 움직여야 하고, 그 내면에는 운동피질로 신경신호가 전달되어야 하기 때문이다. 눈을 깜빡이든, 눈물을 흘리든, 말을 하든 모두 근육의 움직임이 있어야 한다. 이러한 경우, 환자가 의식을 완전히 회복하였을 때, 자신이 '몸에 갇혀 있었다'고 얘기한다. 의사나 간병인들이 하는 말들을 다 알아들을 만큼 의식은 있었지만 어떻게 겉으로 반응하지 못하고 생각(의식)만 하고 있는 것이다.

---

83) Schnakers C, Chatelle C, Demertzi A, Majerus S, Laureys S. (2012) What about pain in disorders of consciousness? AAPS J. 14(3):437-44.

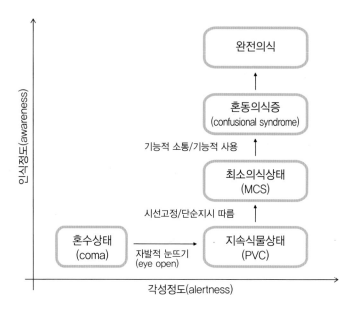

[인식정도]

각성(alertness)정도는 자극에 즉각적으로 반응하는 정도를 나타내며, 행동으로 나타난다. 판단을 한다든가 떨어지는 물체를 잡는 반응속도 등이 예이다. 반면에 인식(awareness)정도는 행동은 하지 않지만 인지하고 주목하는 정도를 나타낸다. 따라서 각성정도는 행동으로 판단한다. 전혀 인식하지 못하고 각성도 없는 것은 혼수(coma)상태이다. 혼수상태보다 각성정도가 조금 호전되어 자발적으로 눈을 뜨는 정도이면 식물인간상태(vegitative state, VS)라 하고, 이런 상태가 30일 이상 지속되면 지속식물인간상태(persistant vegitative state, PVS)라 한다. 하지만 혼수상태와 비교했을 때 인식정도의 차이는 없다. 행동이 달라지지 않는다는 뜻이다. 조금 더 인식정도가 호전되어 눈을 마주치거나, 시선을 고정하고(눈으로 물체를 쫓고), '눈 깜박임'으로 지시에 응답할 수 있으면 최소의식상태(minimal consciousness state, MCS)라 한다. 이 경우가 '몸에 갇힌' 의식상태이다. 인식정도가 더 좋아져서 가끔 의사소통이 가능하지만 완전하지 않은 혼돈의식을 거쳐 완전한 의식수준으로 회복된다.

의식을 회복하든가, 의사표현까지 할 수 있는 상태로 회복하는 것은 그와 관련된 신경회로들이 복구되었음을 의미한다. 의식이 없다는 것은 관련된 신경세포가 죽었을 수도 있고, 단지 연접연결이 약해지든가 소실되어 신경회로가 끊어졌을 수 있다. 후자의 경우 회복이 보다 쉬울 것이다. 신경세포는 역동적으로 가지돌기와 축삭을 뻗거나 수축하며, 가지돌기가시(dendritic spine)도 매우 역동적으로 생성되고 사라지곤 한다. 이런 과정으로 새로운 연접이 만들어지고 그것이 우연히 기능을 회복하는 회로를 복구하거나 새로 만드는 '로또'가 될 수 있다.

관련된 신경세포가 사멸했을 경우는 회복이 더 어려울 것이다. 신경세포는 증식하지 않는다. 결국 옆에 살아남은 신경세포가 어떻게 가지를 뻗어 끊어진 신경회로를 연결하든가, 아니면 전혀 새로운 신경세포가(예, 줄기세포에서 분화된) 가담해야 된다. 아니면 기존의 신경회로와 전혀 다른 신경회로가 새로 만들어져 기능을 회복할 수 있다. 뇌는 어떤 기능부위가 손상 받으면 다른 부위가 그 기능을 대신하는 뇌가소성(brain plasticity)도 보이기 때문이다. 하지만 어느 경우이든 완전한 기능회복은 어렵다. 흔히 뇌졸중으로 마비가 되었다가 재활치료를 하면 어느 정도 기능을 회복하지만 완전하지 못한 것을 보면 알 수 있다.

Box 1-1) 혼수상태(코마 coma)에서 깨어나다 - 의근의 회복

아래 두 기사는 혼수상태에서 완전한 의식을 회복하는 과정을 보여준다.

12년 만에 깨어난 식물인간 남성 "모든 것을 알고 있었다"[84]

남아프리카공화국에서 혼수상태에 빠졌던 남성이 12년 만에 회복되었다. 이 남성(39세)은 12세에 뇌막염으로 의식불명에 빠졌는데 부모는 아들을 포기하지 않고 정성을 다해 보살폈다. 아침마다 그를 차에 태워 재활센터에 가고 잘 때는 욕창이 생기지 않도록 두 시간마다 자세를 바꿔주었다. 부모의 극진한 노력 덕분에 그는 쓰러진 지 2년여가 지난 14세에 의식을 되찾았다. 하지만 안타깝게도 그가 깨어난 사실을 부모는 물론 의사마저 알아채지 못했다. 의식만 있고 다른 이와 전혀 소통하지 못했기 때문이다. 그러나 의식불명 상태가 된 지 12년이 지난 24세에 기적적으로 그의 뇌는 완전한 기능을 되찾았다. 아직 휠체어에 의지해야하지만 장애는 그의 인생에서 한 부분에 지나지 않았다. 얼마 전 그는 어느 방송국 인터뷰에서 "과거 병상에 누워있을 당시 나는 평범한 사람들처럼 모든 것을 알고 있었다"며 "하지만 사람들은 이런 사실

---

84) 국민일보 http://news.kmib.co.kr/article/view.asp?arcid=0009050391

을 몰랐다"고 토로했다. 또 "사람들은 내 의식이 돌아온 사실을 모른 채 내가 존재하지 않는 것처럼 행동했다"고 회상했다. 그가 할 수 있는 일이라곤 끝없이 생각하는 게 전부였기 때문이다. 그는 "자신이 갇힌 몸에서 벗어난 원동력은 '존엄성' 때문이다"라며 "인간으로서의 존엄성을 지키기 위해 끊임없이 노력해 기적적으로 회복할 수 있었다"고 밝혔다.

간호사가 불러준 노래를 듣고 식물인간 환자가 4개월 만에 의식을 되찾는 기적 같은 일이 일어났다.[85]

24살 여성이 뇌손상으로 혼수상태에 빠졌다. 당시 중환자실에서 근무하던 간호사는 자신과 비슷한 나이의 환자가 식물인간 상태로 병실에 누워있자 무언가를 해야겠다는 생각이 들어 같은 또래라면 누구나 다 좋아할 만한 노래를 환자에게 불러주기 시작했다. 무려 4개월 동안 하루도 빠짐없이 환자에게 노래를 불러주던 어느 날, 여느 때와 같이 환자에게 노래를 불러주던 간호사는 환자가 손가락을 움직이는 모습을 포착했다. 환자는 팔과 다리를 천천히 움직이더니 기적처럼 혼수상태에서 깨어나 감았던 눈을 떴다. 이 환자는 간호사의 목소리를 듣자마자 "노래를 불러줬던 걸 기억한다"며 평소 좋아하는 노래라고 말했다.

---

85) 홍콩 사우스차이나모닝포스트(SCMP)https://www.msn.com/ko-kr/news/world/ 식물인간-환자-기적적으로-깨어난-이유…'4개월-간-환자에게-노래-불러준-간호 사'/ar-AAx61Ur

2) 혼수상태와 식물인간(植物人間) 상태(vegetative state, VS)의 뇌활성

사고나 질병에 의해 대뇌피질에 손상을 입어 마치 식물처럼 아무런 움직임도 할 수 없고 의식도 없는 상태로 뇌간에 의해 호흡이나 소화 기능 등 생명 유지에 필수적인 기능만이 살아있는 사람의 상태를 식물인간상태(vegetative state, VS)라 부르며, 그 사람을 식물인간이라고 부른다. 혼수(coma)란 스스로 눈을 뜰 수 없고 강한 감각자극에도 반응을 보이지 않는 완전히 각성(wakefulness)을 잃은 상태이지만, 식물인간상태(VS)란 자신이나 외부 환경에 대해 인식반응(awareness response)은 전혀 없지만 자극에 대한 각성반응(wakefulness, 자극에 대한 무의식적 반응)은 보인다. 따라서 식물인간상태를 인식(awareness)은 못하지만 약간의 각성은 있는 상태로 정의된다. 뇌간은 살아 있고 대뇌는 미약한 활성이 있는 상태이다.

혼수상태와 식물인간상태 뇌활성의 비교

뇌사 (brian death)	식물인간 (vegetative state)	최소의식상태 (minimal conscious state)	정상인간 (normal brain)

[다양한 뇌활성 수준을 보여주는 영상]
뇌활동 정도를 양전자방출단층촬영(positron emission tomography, PET)한 뇌영
상이다. 파랑 → 노랑 → 빨강으로 갈수록 강한 뇌활성을 나타낸다.

위 사진은 뇌활동의 정도를 측정한 양전자방출단층촬영(positron emission tomography, PET) 뇌영상이다. PET 장치는 뇌가 얼마나 포도당을 많이 이용하는지를 측정하여 뇌활성 정도를 보여준다. 파랑 → 노랑 → 빨강으로 갈수록 강한 뇌활성을 나타내는데, 뇌사(brain death)의 경우 '뻥 뚫린 두개골 사인(hollow-skull sign)'을 보인다. 이 는 '기능적 사망(functional decapitation)'을 의미하는데, 식물상태 (vegetative state)의 뇌영상과 분명히 다르다. 식물뇌는 대뇌대사 (cerebral metabolism 즉 뇌활성)가 광범위하게 그리고 크게(정상의 50%) 감소되었지만 전혀 없지는 않다.

'식물상태'라는 말은 꼼짝하지 않는다는 어감을 주기 때문에 근래에는 '비반응각성증후군(unresponsive wakefulness syndrome, UWS)이라 부른다. 식물인간/비반응각성증후군(VS/UWS) 환자는 자극에 따라 자발적으로 눈을 뜬다. 하지만 이것은 반사작용이며 환경에 반응하여 의식적으로 눈을 뜨는 것은 아니다. 따라서 '식물뇌'는 의식이 있다고 할 수 없다.

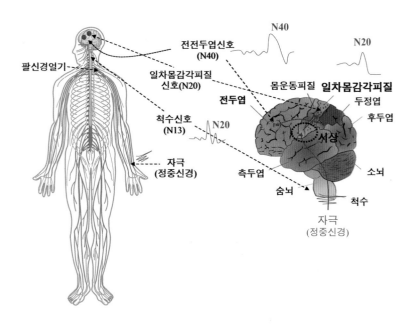

[통증전달 측정]

환자의 팔에 있는 정중신경(median nerve)에 통증자극을 하고 팔신경얼기(brachial plexus), 고위 목척수(high cervial spinal cord), 일차몸각피질(primary somatosensory cortex) 및 전전두엽에 전달되는 몸감각유발전위(somatosensory-evoked potential, SEP) 신호의 크기와 속도를 측정하였다. 정상대조군에 비하여 환자군이 각 부위에 도달하는데 걸리는 시간은 더 길며, 반응의 크기는 작다. 통증자극이 전달되는 경로는 오른쪽 그림에 표시하였다.

지속식물인간상태(持續植物狀態, persistent vegetative state, PVS)의 뇌활성 수준 정도는 의근에 포섭되지 아니 한다.

식물인간상태(VS)가 30일 이상 지속되면 지속적인 식물인간상태 (persistent vegetative state, PVS)라고 부른다. Laureys 등[86]은 15명의 식물인간상태 환자의 뇌활성을 조사하였다. 이들의 대뇌 대사활성은 정상인에 비하여 40% 정도에 머물렀다. 이들은 정상인에 비하여 통증신호의 전달이 늦었으며, 그 크기도 작았다. 그럼에도 불구하고 통증자극을 할 경우 중간뇌, 시상, 일차몸감각피질에 어느 정도의 활성이 나타났다. 즉, 통각장소(피부) → 중간뇌 → 시상 → 일차몸감각피질의 신경경로는 기능이 약화되었지만 살아남아 있다는 것이다. 하지만 이차몸감각영역, 뇌섬엽, 앞대상피질에는 활성이 나타나지 않았다. 또한 활성된 일차몸감각피질은 이차몸감각피질, 전운동영역(premotor cortex) 및 전전두엽과 기능적으로 연결되지 않았다. 이러한 부위들은 일차몸감각부위에서 더 나아가는 고등뇌영역이다. PVS 환자의 경우

---

86) Laureys, S. et al. Cortical processing of noxious somatosensory stimuli in the persistent vegetative state. Neuroimage 17, 732-741 (2002).

일차몸감각영역에 약한 활성이 나타나기는 하지만 이 활성이 고등연합영역과 연결이 되지 않고 일차몸감각영역에서 멈춘 고립된 활성임을 의미한다. 이런 경우 의식이 없고 의사표현을 하지 못한다. 의식이 일어나는 전전두엽으로 신호가 전달되지 못하고, 운동명령을 내리는 운동영역으로도 신호가 전달되지 못한다는 뜻이다.

N20은 일차몸감각피질에 전극을 꽂아 측정하는 몸감각유발전위(somatosensory-evoked potential, SEP)로서 몸감각자극에 의하여 일차몸감각영역에 유발되는 전위이다. 이 전위는 몸감각이 대뇌의 일차몸감가피질에 전달되는 정도를 나타내는 것으로, 돌출자극탐지에서 나타나는 N2와 혼동하지 말아야 한다. '저게 뭐지(what is it)' 반응 [사건-연관 반응(Event-related potential, ERP)]에서 나타나는 N2(혹은 N200)는 앞쪽중앙 머리부위의 두피에서 돌출자극(소리 혹은 빛) 후 0.2초(200밀리초) 후에 나타나는 뇌파(EEG)로서, 돌출사건(새로운 것)을 찾을 때 나타나는 스위치뇌의 기능으로 무엇을 인지할 때 나타나는 신호이다.

3) 최소의식상태(minimally conscious state, MCS)는 '몸에 갇힘' 의식으로 표현된다

눈을 마주치거나, 시선을 고정하고(눈으로 물체를 쫓고), '눈 깜박임'

으로 지시에 응답할 정도의 미미한 의식이 있는 상태를 최소의식상태 (minimally conscious state, MCS)라 한다. 양성자방출단층촬영 (PET) 영상에서 최소의식상태 환자들은 흔히 상당한 수준의 광범위한 감각-연관 활성(SEP)을 나타낸다. 2008년 5명의 최소의식상태(MSC) 환자를 조사한 Boly 등[87]이 발표한 연구결과에 따르면 통증자극을 할 경우 이 환자들은 시상, 일차/이차몸감각피질, 뇌섬, 전/후대상피질 등에 활성이 나타났다. 이 부위들은 통증불쾌인식과 관련된 부위이기 때문에 인식(cognition)과 감정반응이 일어난 것으로 보인다. 최소의 식상태 환자들은 청각자극에서도 식물인간/비반응각성증후군 환자들 에 비하여 더 강한 활성을 나타낸다. 그리고 최소의식상태 환자들은 일 차감각피질에서부터 고위연합피질으로의 연결이 보다 더 잘 일어난다. 따라서 이들은 입력정보에 더 잘 접근하고, 또한 입력정보를 고위 뇌부 위에 잘 연결시켜 통증감각을 인식(awareness)한다.

Steppacher 등(2013)[88]은 많은 수의 최소의식상태 환자들을 대상 으로 소리에 반응하는 '저게 뭐지' 반응(ERP)을 조사하였다. 많은 경

87) Boly M, Faymonville ME, Schnakers C, Peigneux P, Lambermont B, Phillips C, et al. Perception of pain in the minimally conscious state with PET activation: an observational study. Lancet Neurol. 2008;7:1013-20.
88) Steppacher I, Eickhoff S, Jordanov T, Kaps M, Witzke W, Kissler J. (2013) N400 predicts recovery from disorders of consciousness. Ann Neurol. 73(5):594-602.

우 뇌손상 후 첫 1년 동안에는 ERP가 나타나며 전체적으로 보았을 때 이들 가운데 25%는 소통능력을 회복했다. 그리고 같은 최소의식상태라도 뇌가 덜 손상된 경우 회복이 더 잘 되었다. 최소의식상태 혹은 식물인간상태 환자들 가운데도 뇌손상 정도는 다양할 것이다. 이런 손상 정도의 다양성이 각 환자마다 상이한 SEP, ERP를 나타내며 결과적으로 서로 다른 의식의 회복정도를 보인다.

불교에서 가르치는 '법경-意根-의식'의 삼사화합으로 해석해 보면 감각정보의 초기 입력단계의 손상(법경의 생성)으로 의식이 없을 수도 있고, 감각피질의 활성은 어느 정도 있지만 意根이 손상을 받아 이 감각 활성을 포섭하지 못할 수 있다는 것이다. 또한 포섭하여 의식은 하였지만(최소의식상태가 이 경우이다), 소통은 하지 못할 수 있다. 소통은 뇌의 중앙관리망(CEN)을 통하여 신호가 퍼져 궁극적으로 근육운동이 일어나야 하기 때문에 이 과정의 신경회로가 손상되었을 수 있다(아래 그림을 보라).

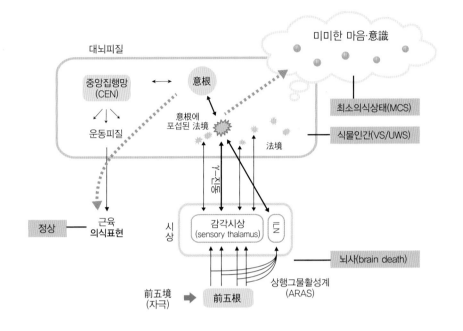

[뇌신경활성과 의식수준]

외부자극(전오경)은 전오경, 시상을 거쳐 대뇌피질에 뇌활성 즉 법경을 만든다. 뇌간의 상행그물활성계가 손상을 받아 시상 및 대뇌로 자극이 전달이 되지 않으면 뇌사상태이다. 대뇌피질에 뇌활성은 유발하지만, 즉 법경은 만들지만 크기가 너무 작아서의근에 포섭되지 않으면 식물인간상태이다. 외부자극에 의한 뇌활성이 어느 정도 커서 의근에 포섭되지만 행동으로 표현하지 못하면 최소의식상태이다. 의식이 '몸에 갇힌' 상태이다. 뇌활성(법경)이 충분히 커서 의근에 포섭되고 중앙관리망에 전달되고운동명령계통으로 전달되어 근육을 움직여 의사를 표현하면 정상의식이다.

제2장

의식의 신경근거

법경이 의근에 포섭되어 생성되는 알음알이[식, 識]가 의식이다. 의식은 떠오르는 생각[법경]을 알음알이하는 것이다. 현대뇌과학에서도 뇌가 어떻게 意識을 생성하는지 모른다. 추론만 있을 뿐이다. 意識의 신경근거에 대한 답은 분명 노벨상감일 것이다. 의식과 무의식의 차이를 현상적으로는 알지만 그 신경근거는 아직 의문이다. 뇌의 어떤 활성이 의식과 무의식을 만드는지 아직 잘 모르고 있다. 가설이 있을 따름이다. 하지만 의식과 무의식 그리고 그 중간수준의 의식에 대한 많은 연구가 있다. 여기에서는 의근에 포섭되면 어떤 현상이 나타는지, 의식과 그 신경근거의 신경과학적 주장에 대하여 알아본다.

1. 의식의 40 Hz 이론(40 Hz theory of consciousness)

1) 감마뇌파(γ-wave, ~40 Hz)

뇌에 있는 신경세포의 활성은 전기(활동전위, ~100 mV)의 흐름이다. 신경세포들 사이의 전기의 흐름이 있으면 머리피부에서도 작은 전류가 흐른다. 이 전류가 만드는 전압을 증폭하여 관찰한 것이 뇌파(腦波, brainwave) 또는 뇌전도(腦電圖, electroencephalography, EEG)이다. 따라서 뇌파는 뇌신경세포들 사이에 신호가 전달될 때 생기는 전기의 흐름을 머리피부에서 측정한 것으로, 측정탐지자(sensor)가 부착된 머리피부 아래에 있는 수많은 뇌신경세포들의 활성을 나타낸다. 정상적인 뇌활동의 뇌파는 8-100 Hz(herz, 파동/초)의 활성을 보인다. 의식이 또렷할수록, 주의를 기울일수록 파동이 높은 뇌파를 나타낸다. 어떤 대상에 선택적으로 주의(attention)를 기울여 인식활동을 할 때는 가장 빠른 주파수인 감마뇌파(γ-wave, ~40 Hz)를 보이는데 이 때 우리는 대상을 가장 높은 정확도와 정밀도로 인식할 수 있다. 법경(뇌활성)이 의근에 포섭되면 그 뇌활성은 감마뇌파를 낸다는 뜻이다.

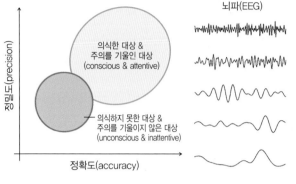

뇌파(EEG)

- γ activity : 31~50 Hz, 5~10 μV
  선택적 주목, 인지, 인식활동
- β activity : 14~30 Hz, 5~20 μV
  사고할 때, 감각자극을 받을 때
- α activity : 31~50 Hz, 5~10 μV
  의식이 있으나 조용히 쉴때
- θ activity : 14~30 Hz, 5~20 μV
  의식단절, 깊은 육체적 이완
- δ activity : 0.5~3 Hz, 5~10 μV
  깊은수면, 무의식, 마취상태

[주의와 인식의 상관관계]

이 그림은 주의를 기울여 의식에 들어온, 즉 포섭된 대상은 정확하고 정밀하게 관찰됨을 보여준다. 정확도(正確度, accuracy)는 측정하거나 계산된 양이 실제값과 얼마만큼 가까운지를 나타내며, 정밀도(精密度, precision)는 여러 번 측정하거나 계산하여 그 결과가 얼마만큼 균질한지를 나타낸다. 관측된 값의 편차가 적을수록 정밀하다. 그리고 포섭된 대상을 처리하는 뇌신경들은 활동이 높아져 감마뇌파(γ-wave EEG, ~40 Hz)를 나타낸다. 오른쪽에 뇌파의 종류를 표시하였다. γ-활성(γ-activity)이 가장 높은 뇌활성임을 주목하라.

2) 감각시상 ⇄ 감각피질 사이의 감마진동(γ-oscillation)

意根에 포섭된 대뇌감각피질의 법경은 강하게 활성화되어 감마활성(40 Hz 활성)을 한다고 하였다. 여기에 더 나아가 그 법경으로 신호를 전달하는 감각시상 부위도 감마활성을 한다. 감각은 감각시상을 거쳐 일차감각피질에 전달됨을 상기하라. 감마활성을 하는 감각시상 부위는 다시 대뇌감각피질을 강하게 자극한다. 즉, 감각시상 ⇄ 대뇌감각피질(법경) 사이에 서로 주고받는(reentrant) 연결에 의해 감각시상과 상응하는 대뇌감각피질은 공조하여 감마활성을 나타낸다. 이를 감마진동이라 한다. 의근에 포섭된 법경은 감마진동 활성을 한다.

3) 의식의 40 Hz 이론(40 Hz theory of consciousness)

왓슨(James Watson)과 함께 DNA의 구조를 밝힌 크릭(Francis Crick)은 후에 의식의 신경근거를 찾고자 노력하였는데, 그는 '의식의 40 Hz 이론(40 Hz theory of consciousness)'을 주장했다. 즉, 뇌의 다양한 정도의 뇌활성 가운데 40 Hz의 뇌파를 생성하는 뇌부위들의 활성은 의식에 들어온다는 것이다. 불경에서는 의근에 포섭된 법경들이 의식을 만든다. 의근은 빠른 속도로 많은 법경(뇌활성)들을 포섭하여 40 Hz로 활성화시킨다. 따라서 짧은 한 순간에도 뇌에는 40 Hz로 활성하는 뇌부위들이 많이 있을 것이다. 그리고 이 뇌부위들은 뇌에서 지역적으로 서로 멀리 떨어져 흩어져 있을 수 있다. 뇌는 다양한 정보를 동시에 받아들이기 때문이다. 이처럼 지역적으로 다양한 부위에 흩어져 멀리 떨어져 있지만 40 Hz로 활성하는 뇌활성(법경)들은 하나로 통합되어 특정한 의미를 갖는 의식이 형성된다. 뇌의 서로 다른 부위에 흩어져 있는 뇌활성들이 어떻게 하나로 통합(통섭)되는지 - 이를 결합문제(binding problem)라 한다 - 는 잘 모른다.

4) 의근은 "분석자(analyzer)" 이자 "합성자(synthesizer)"이다

여러 가지 뇌활성 가운데 주의(注意, attention)를 기울인 대상들은 40 Hz의 뇌활성을 나타낸다. 초기불교의 가르침으로 대입하면, 意根이 포섭한 法境(뇌활성)들은 40 Hz의 뇌활성을 나타낸다는 의미이다. 기능적으로 보다 면밀히 생각해보면, 注意는 동일한 찰나에 존재하는 많은 法境들을 분석하여 그 가운데 하나를 선택하는 "분석자(analyzer)"이다. 선택하기 위해서는 하나하나를 분석해야 하기 때문이다. 반면에 意識은 선택된 복수의 법경들을 합치고 하나로 구성하는 "합성자(synthesizer)"이다.[89] 意根은 여러 法境들 가운데 하나를 선택(포섭)하기도 하고, 많은 법경을 하나로 합성하여 의식을 만들기도 한다. 매우 빠르게 대상을 선택하여 그들을 통합하기 때문에, 의근은 "분석자"이자 "합성자"이다.

5) 뇌간의 상행그물활성계는 감각시상 ⇄ 대뇌 일차감각피질 사이에 감마진동을 하게 한다

전두-두정 신경망은 의근의 인지대상 선택기능이다. 이 신경망에 의

---

89) van Boxtel JJ, Tsuchiya N, Koch C. Consciousness and attention: on sufficiency and necessity. Front Psychol. 2010 Dec 20;1:217. doi: 10.3389/fpsyg.2010.00217.

하여 선별된 인지대상은 40 Hz의 뇌파활성을 나타낸다. 또한 감각시상 ⇄ 대뇌 일차감각피질 ⇄ 기타 대뇌피질 사이에 감마진동(γ-oscillation)을 한다. 감마진동을 하는 뇌활성은 의식에 들어온다.

상행그물활성계는 뇌의 각성정도를 결정한다

선별된 대상에 대한 감각시상 ⇄ 대뇌 일차감각피질 사이에 감마진동으로 강한 활성을 갖게 하는데는 시상의 수질판내핵군[intralaminar nuclear (ILN) group] 및 뇌간(brainstem)의 상행그물활성계(ascending reticular activating system, ARAS)의 작용이 관여한다.[90] 뇌간에 있는 그물형성체(reticular formation)는 신경세포들이 모여 서로 연결되어 그물모양의 느슨한 그룹(핵)을 만든 것을 일컫는다. 이들의 축삭은 시상을 우회하여 곧바로 위로 올라가 대뇌의 전반에 걸쳐 광범위하게 퍼진다. 그물형성체는 여러 가지 감각신호가 척수에서 시상으로 전달될 때 그 축삭들에서 갈라져 나온 곁가지(collateral)로부터 입력신호를 받는다. 그물형성체는 뇌 전체에 신호를 전달하기 때문에 그물형성체 → 전체 대뇌 전달경로는 뇌의 전반적인 활성을 결정한다. 즉, 오감을 뇌전체에 전달하여 뇌의 각성정도를 결정하는 역할을 한다. 감

---

90) Parvizi J, Damasio AR. Consciousness and the brainstem. Cognition 79 (2001) 135-159.

각기관에서 시작하여 척수, 뇌간(그물형성체)을 거쳐 올라가기 때문에 이 신호체계를 상행그물활성계라 하며, 이의 활성정도는 뇌의 각성정도를 결정한다.

상행그물활성계 → 수질판내핵군 → 대뇌 감각피질 전달경로는 '감각시상 ⇄ 대뇌 일차감각피질' 사이에 감마진동을 유도한다

뇌간의 상행그물활성계 가운데 일부는 축삭을 곧바로 대뇌로 뻗어 올라가지 아니하고 시상핵의 하나인 수질판내핵군(ILN)으로 뻗고, ILN는 감각시상 ⇄ 대뇌 일차감각피질 사이에 감마진동을 하도록 유도한다. 감각시상의 각 부위들은 상응하는 일차감각피질과 서로 1:1로 주고받는 연결을 하고 있다. 이 연결들 가운데 ILN은 전두-두정 신경망에 선택된 특정 일차감각대뇌피질 ⇄ 감각시상 사이의 연결을 자극하여 감마진동을 하게 유도한다. 따라서 뇌간의 ARAS와 시상의 ILN은 선별된 내용(법경)이 강한 활성[감마진동]을 갖도록 하는데 매우 중요한 역할을 한다.

Box 2-1) 뇌간의 상행그물활성계(ARAS) 및 시상의 수질판내핵군 (ILN)과 감마진동(γ-oscillation)

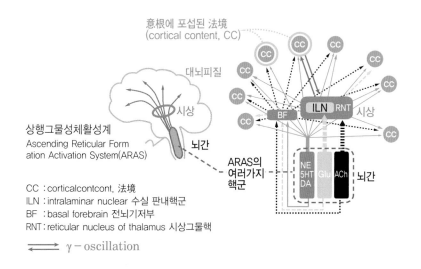

意根에 포섭된 法境
(cortical content, CC)

대뇌피질

시상

상행그물성체활성계
Ascending Reticular Form
ation Activation System(ARAS)

뇌간

ARAS의
여러가지
핵군

CC : corticalcontcont, 法境
ILN : intralaminar nuclear 수실 판내핵군
BF : basal forebrain 전뇌기저부
RNT : reticular nucleus of thalamus 시상그물핵

⇌ γ – oscillation

[뇌간의 그물형성체와 감마진동]

숨뇌, 다리뇌, 중간뇌를 뇌간(brainstem)이라 한다. 뇌간에는 그물형성체라는 핵군 (nuclear group)이 있다. 신경세포들의 핵이 모여 있는 곳을 핵이라 하는데, 모여 있는 양상이 좀 얼기설기하여 그물형성체라 한다. 뇌간은 척수에서 올라오는 축삭들이 시상으로 가는 길목에 위치한다. 감각수용 신호가 척수에서 시상으로 올라가다가 곁 가지(collateral)를 쳐서 뇌간의 그물형성체 신경세포들에 전달한다. 물론 척수에서 시상으로 곧바로 올라가는 것이 주 경로이고, 그물형성체로 전달되는 것은 부차적 신경로이다. 그물형성체는 사용하는 신경전달물질에 따라 monoamine [norepi-nephrine (NE), serotonin (5-HT), dopamine (DA)], glutamate (Glu), acetyl-choline (ACh) 계통으로 다시 나눌 수 있는데, 이들의 축삭들은 대부분 대뇌의 전반 에 걸쳐 퍼진다. 따라서 그물형성체는 뇌의 전반적인 활성, 즉 각성정도를 결정한다.

아래(뇌간)에서 위(대뇌)로 올라가 대뇌를 활성화시키기 때문에 이 연결체계를 상행 그물활성계(ascending reticular activating system, ARAS)라 한다. 한편 시상의 수질판내핵군(ILN)으로 올라가는 Glu계통은 의근에 포섭된 법경(피질내용 cortical content, CC)과 감각시상 사이의 공명을 가속시켜 감마진동(γ-oscillation)이 일어나게 유도한다.

意根에 포섭된 法境들은 어떻게 높은 주파수(~40 Hz)의 감마뇌파(γ-wave)를 생성하는 활성을 가질까? 신경망은 신경세포들의 연결이다. 따라서 어떤 신경망이 높은 활성을 갖기 위해서는 이 신경망을 구성하는 신경세포들이 높은 활성을 가져야 한다. 이는 다시 이 신경세포들을 강하게 자극하는 활성이 선행함을 의미한다. 이 선행활성의 정체는 무엇일까?

감각정보는 시상을 거쳐 대뇌의 일차감각피질에 전달된다. 이 전달은 지형학적(topographical) 상관관계를 유지된다. 즉, 신식의 경우 몸의 특정한 감각부위는 감각시상의 특정한 부위를 거쳐 일차감각피질의 특정한 부위에 이른다. 그런데 특정 감각표상(percept)이 높은 활성으로 활동하려면 이 감각표상을 강하게 자극하는 신호가 필요하다. 물론 감각시상 ⇄ 대뇌 일차감각피질 사이의 재진입계통이 서로를 자극하여 활성을 높인다. 감각시상 ⇄ 대뇌 일차감각피질 사이에 감마진동을 일으키게 하는 다른 하나의 신호는 뇌간의 상행그물활성계(ascending reticular activation system, ARAS)와 시상의 수질판내핵군(intralaminar nuclear group, ILN)에서 온다.

　그물형성체(reticular formation)는 뇌간(brainstem)에서 신경세포들이 모여 그물 같은 모양의 그룹을 이룬 핵군(nuclear group)들이다. 신경세포들이 조밀하게 모이지 않고 엉성하게 그물모양으로 모여 있다고 해서 그물형성체라 한다. 오감은 각자의 감각피질로 전달되는 과정에 뇌간의 그물형성체로 축삭곁가지(axonal collateral)를 낸다. 즉 그물형성체로의 입력은 감각정보들이다. 그리고 이 핵군들에서 나오는 축삭은 대부분 시상을 거치지 않고 직접 위로 올라가 대뇌 전체로 퍼져 대뇌신경세포의 활성을 조절하는 가속기 역할을 한다. 따라서 뇌간의 그물형성체에서 대뇌로 투사되는 신경망을 상행그물활성계(ascending reticular activating system, ARAS)라 하며, 이는 뇌 전체의 각성(awareness) 정도를 결정한다. 즉, 우리가 정신을 바짝 차리고 깨어있는지 아니면 졸고 있는지를 결정한다. 또한 상행그물활성계는 가치체계(value system)를 구성한다. 가치체계는 특정한 상황이 얼마나 가치가 있는지를 판단하여 뇌가 그 상황에 잘 대처하게 하는 체계이다. 뇌를 각성시켜 특정기능(학습, 쾌락 등)을 잘 수행하게 하는 체계이다.

　뇌간의 그물형성체에는 다양한 핵군들이 있다. 이 가운데,
- glutamate를 신경전달물질로 사용하는 ARAS는 시상의 수질판내핵군(ILN) - ILN에도 여러 가지 핵이 있다 - 을 거치든가, 대뇌기저부(basal forebrain, BF)를 거쳐 대뇌전체로 투사된다.

- 아세틸콜린(ACh)을 신경전달물질로 사용하는 ARAS는 대뇌기저부를 거쳐 대뇌신경세포들을 활성시키든가, 시상그물핵(reticular nucleus of thalamus, RNT)에 전달된다. 시상그물핵은 시상에서 대뇌로 가는 신호를 제어하는 문지기 역할을 한다.
- monoamine(NE, 5-HT, DA)을 신경전달물질로 사용하는 ARAS들은 곧바로 대뇌피질로 올라가 대뇌신경세포들의 활성을 조절한다.

이와같이 여러 가지 ARAS가 대뇌피질의 기능을 더 활성시키는 가속기 역할을 한다. 어떤 대뇌기능을 가속시키는지는 ARAS의 종류마다 다르다. 그런데 ARAS 가운데 수질판내핵군(ILN)으로 전달하는 경로는 의근과 매우 밀접한 관계가 있다. 이 핵군은 주의대상으로 선별된 대뇌피질의 활성 즉 法境[위그림에서는 피질내용(cortical content, CC)]을 감마파로 활성화시키는데 중요한 역할을 한다. 자세한 기전은 다음과 같다. 먼저 감각수용부위는 지형학적 1:1 대응관계를 유지하면서 감각부위 → 척수 → 감각시상(감각을 담당하는 시상부위) → 대뇌 일차감각피질로 연결된다고 했다. 더 자세하게는 감각시상 ⇌ 대뇌피질 사이에는 상호 재진입(re-entrant) 연결이 되어 있어 감각이 시상 → 대뇌피질로의 일방통행이 아니라 피질도 시상을 자극할 수 있는 쌍방통행이다.

그런데 일차대뇌감각피질로 가는 신호는 2가지가 있다(아래그림).

- 하나는 방금 언급한 감각수용부위 → 척수 → 감각시상 ⇌ 대뇌
  일차감각피질 재진입 연결이고,

- 다른 하나는 감각수용부위 → 척수 → 뇌간 ARAS → 시상의 수
  질판내핵군 ⇌ 대뇌피질 사이 재진입 연결이다. 이 재진입연결은
  감각시상 ⇌ 감각피질의 감마진동을 유도한다. 그러므로 수질
  판내핵군(ILN)은 감각시상 ⇌ 대뇌일차감각피질 사이의 리드믹
  한 감마진동을 가능하게 하는 자(enabler of rhythmic oscilla-
  tion)로 간주된다.[91]

91) Parvizi J, Damasio AR (2001) Consciousness and the brainstem. Cognition
    79:135-60

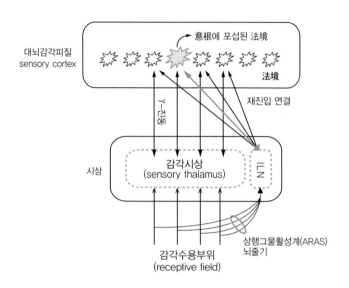

[감각시상 ⇌ 일차감각피질 사이의 감마진동(ɣ-oscillation)]

전오근에 수용된 감각신호는 두 갈래로 시상을 거쳐 대뇌일차감각피질에 전달된다. 하나는 감각시상을 거치는 것이고, 다른 하나는 시상의 수질판내핵군을 거치는 상행 그물활성계 경로이다. 수질판내핵군에서 대뇌감각피질로 전달되는 신호는 감각시상 ⇌ 일차감각피질 사이의 감마진동을 하는데 도움을 준다. 감마진동을 하는 감각은 의근에 포섭되어 의식에 들어오는 법경이다. 양쪽 화살표머리 선은 재진입을 의미한다.

감마파로 활성된 뇌활성은 의식에 들어온다. 내용제공자(content-provider)인 전두-두정 신경망(fronto-parietal system)은 法境[뇌활성]을 계속 선택하고 시상의 ILN을 포함하는 대상-덮개 신경망(cingulo-opercular system)은 감마진동을 계속하게 하여 주의를 유지(set-maintenance)되게 한다. 한편 전두-두정계통은 빠른 속도로 여러 가지 내용(法境)을 제공하기 때문에 다양한 정보가 의식으로 들어온다.

2. 의식의 신경근거에 대한 에델만교수의 주장 : 시상 ⇄ 대뇌피질 ⇄ 대뇌피질 재진입계통 '기억된 현재'

4세기 인도의 세친 스님이 지은 『아비달마구사론(阿毘達磨俱舍論)』에 意根은 마음[心]이 과거로 낙사(落謝; 사라짐 falling into)한 것으로 설명한다.[92] 방금 지나간 마음이 의근이 되어 다음의 마음을 일으킨다는 것이다. '다음의 마음'은 현재의 마음이다. 현재 진행되고 있는 마음은 의식(consciousness)을 바탕으로 한다. 의식이 있어야 그 위에 여러 가지 마음이 있을 수 있다. 의식을 생성하는 신경체계를 의식의 신경근거(Neural Correlates of Consciousness, NCC)라 한다. 크릭 (Crick)은 40 Hz로 활성하는 신경세포들이 의식을 만든다고 하였다. 의식은 신경세포들의 40 Hz 활성이라는 것이다. 40 Hz는 주의를 기울일 때 생성되는 뇌활성이다. 주의를 기울이는 것은 의근에 포섭된 것이고 의식에 들어온 것이기 때문에, 40 Hz 뇌활성은 분명히 의식과 관련이 깊다. 그렇다면 의근에 포섭된 신경앙상블들이 40 Hz로 활성하게 하는 기전은 무엇일까? 40 Hz로 활성하는 신경앙상블들이 전해주는 메시지가 의식 속에서 일어나는 마음이다. 마음은 너무 많은 측면이 있어 한마디로 정의하기가 어렵다. 뇌에 마음을 생성하는 구조들이 많이 있다는 뜻이다. 기쁨, 슬픔, 생각, 기억 등등을 생성하는 뇌구조들이다.

---

92) 세친 지음, 현장 한역, 권오민 번역, 31-32 / 1397쪽. 6식(識)이 (과거로) 전이한 것을 의계(意界)라고 한다. 六識轉爲意

느낌도 하나의 마음이다. 느낌을 만드는 요소는 감각질(퀄리아, qualia)이다. 퀄리아는 무엇일까?

1) 감각질(퀄리아, qualia)

의식경험의 '느낌'("feel" of consciousness experience)을 감각질(퀄리아, qualia)[93]이라고 한다. 의식하고 있을 때 갖는 느낌이다. 에델만교수[94]는 '감각질'을 의식적 경험과 함께 일어나는 것으로 보았다. 즉, 의식은 방대한 수의 '감각질'들이 순식간에 반영된 통섭(integration)이라고 보았다.

에델만교수는 감각질은 시상과 대뇌피질 사이에 연결된 재진입계의 역동적 코어(reentrant dynamic core)[95]의 활동에 의하여 생긴다고 주장했다. 뇌는 흔히 컴퓨터에 비유된다. 감각, 운동, 감정, 생각 등 여러 가지 기능을 하는 컴퓨터가 모여서 서로 연결된 슈퍼컴퓨터가 뇌이

---

93) 감각질(感覺質) 또는 퀄리아(qualia)는 어떤 것을 지각하면서 느끼게 되는 기분, 떠오르는 심상 따위로서, 말로 표현하기 어려운 특질을 가리킨다. 1인칭 시점이기에 주관적인 특징이 있으며 객관적인 관찰이 어렵다. [출처] https://ko.wikipedia.org/wiki/감각질

94) Gerald Maurice Edelman (1929-2014) 미국의 생물학자. 항체구조의 연구로 1972년 노벨생리의학상을 수상하였다. 후년에는 마음신경과학 분야의 연구를 하였다.

95) Edelman, Gerald M. 저 Wider Than the Sky: The Phenomenal Gift of Consciousness (Yale University Press. 2004).

다. 컴퓨터에는 중앙처리장치(central processing unit, CPU)가 있다. 컴퓨터의 기능을 집행하는 핵심장치이다.

뇌에도 컴퓨터의 CPU에 해당하는 중앙핵심처리장치가 있다. 이 핵심장치는 시상과 대뇌피질 사이의 연결인데, 이 연결은 서로 주고받는 재진입(reentrant) 방식이며 매우 역동적 활동을 한다는 것이다. 그래서 에델만교수는 이 장치를 '재진입 역동적 코어(reentrant dynamic core)'라고 했다.

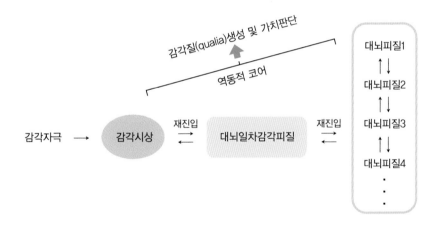

[대뇌 신호처리의 역동적 코어와 감각질의 생성]
감각시상 ⇄ 대뇌 일차감각피질 ⇄ 기타 대뇌피질 사이에는 서로 주고받는 재진입 방식으로 연결되어 있다. 이 연결은 뇌신경신호처리의 역동적 코어이다. 따라서 감각자극이 시상으로 들어오면 재진입 역동코어를 통하여 감각자극과 관련된 기억정보들이 활성화되어 느낌을 생성한다. 감각자극에 대한 느낌을 감각질(퀄리아)이라 하며, 이 감각질에 대한 가치도 동시에 판단된다.

'재진입 역동적 코어'를 통하여 시상으로 들어온 새로운 정보가 대뇌피질에 저장된 정보들과 역동적으로 서로 정보를 주고받으며 비교하여, 그것이 무엇이라고 분별되는 것이 감각질이라고 에델만교수는 설명했다. 그리고 그는 입력정보를 기존에 저장된 지식과 비교하여 분별할 뿐아니라(즉, '지금 이것이 무엇이다'라는 느낌), 그 분별과 관련된 기억정보들을 함께 떠올려 가치부여까지 하는 것이 일차의식으로 보았다.

2) 의식을 생성하는 역동적 핵심코어 : 시상 ⇄ 대뇌피질 ⇄ 대뇌피질 재진입계통

지금까지는 감각기능에 한정하여 감각질의 생성을 설명하였다. 하지만 시상은 감각전달 뿐 아니라 운동계통, 감정조절계통 등에서도 대뇌와 상호진입방식으로 연결되어 있다. 즉, 시상은 거의 대부분의 대뇌피질과 서로 주고받는 방식으로 연결되어 있다.

시상 ⇄ 피질 재진입계(reentrant system)는 뇌로 들어가는 상행입력신호(척수 → 시상 → 피질)의 전달 뿐 아니라, 전전두엽의 명령신호가 아래로 전달되는 '위-아래(top-down; 피질 → 시상 → 척수)' 신호전달도 중계한다. 따라서 이 재진입계통은 감각과 같은 입력신호의 의미해석 뿐 아니라, 명령신호의 이해 및 집행(예, 감정조절)을 위하여 필요한 역동적 핵심(dynamic core)이다. 시상 ⇄ 피질 뿐 아니라 피질 ⇄ 피질 사이에도 서로 주고받는 연결이 되어 있다. 피질 ⇄ 피질 사이의

재진입계는 시상에서 들어온 정보를 다양한 피질 부위에 저장된 정보와 소통하는 연결로서 입력정보를 다양하게 분석하고 그 가치를 결정하는 역할을 한다.

시상 ⇄ 피질 ⇄ 피질 사이의 재진입계를 통하여 기억된 정보를 회상하여 그 감각에 대한 감각질이 생성된다고 했다. 의식은 짧은 시간에 수많은 정보들을 불러내어 감각질을 생성하고 이들을 통합하여 의미를 찾는 것으로 볼 수 있다. 따라서 '시상 ⇄ 피질 ⇄ 피질' 역동적 핵심코어는 의식생성의 신경근라고 에델만교수는 주장한다.

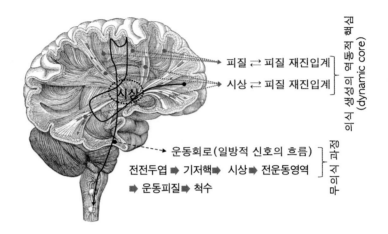

피질 ⇄ 피질 재진입계

시상 ⇄ 피질 재진입계

의식 생성의 역동적 핵심구조 (dynamic core)

운동회로(일방적 신호의 흐름)

전전두엽 ➡ 기저핵➡ 시상 ➡ 전운동영역

➡ 운동피질➡ 척수

무의식적 과정

[의식 생성의 역동핵심구조]

시상은 대부분의 대뇌피질과 서로 주고받는 재진입방식으로 연결되어 있다. 시상 ⇄ 피질 사이 재진입 연결을 보다 잘 보여주기 위하여 시상을 대뇌 밖으로 끄집어내었다. 그림은 시상의 특정부위와 대뇌피질의 특정부위가 1:1 연결을 함을 나타낸다. 예로서, 시상의 감각전달 부위와 대뇌의 일차감각피질 부위들이 1:1로 재진입방식으로 연결되어 있다. 한편 대뇌피질의 각 부위들은 다른 대뇌피질들과도 1:1 재진입방식으로 연결되어 다양한 정보를 서로 교환한다. 따라서 시상 ⇄ 피질 ⇄ 피질 사이의 연결은 현재 시상으로부터 입력되고 있는 감각정보를 기억정보와 대조하여 그것이 무엇이라는 의미를 찾고, 그 가치를 실시간 역동적으로 부여하는데 필수적인 장치이다. 그리고 시상으로 감각이 입력되는 한 이 핵심코어장치는 계속 활동하기 때문에 감각에 대한 의식을 유지할 수 있다. 한편 운동회로는 대뇌 → 대뇌기저핵(basal ganglia; 줄무늬체, 창백핵 등) → 시상 → 운동피질로 일방적 신호전달방식으로 연결되어 있다. 이 신호전달은 하나의 운동을 위하여 한 순간만 작동하기 때문에 의식에 머무르게 할 수 없으며, 의식 속에서 일어나는 신호전달이 아니기 때문에 이 신호체계에 대한 기억은 그 내용을 언어로 설명할 수 없는 비서술적 기억, 무의식적 기억이 된다.

3) 무의식 과정의 신경체계

재진입계로 만들어진 '시상 ⇄ 피질 ⇄ 피질'의 역동적 코어 신경계와 달리 운동계통 신경계는 일방적 신호의 흐름이다. 대뇌피질의 운동계획 부위에서 시작된 신호는 피질선조섬유(corticostriatal fiber)를 통하여 대뇌기저핵(basal ganglia)으로 전해진다. 기저핵에서는 운동을 시작할지말지를 결정하고 시작신호를 내리겠다고 결정되면 시상을 거쳐 대뇌운동피질에 격발신호(trigger signal)를 보낸다. 운동계획부위 → 피질선조섬유 → 대뇌기저핵 → 시상 → 대뇌운동피질의 신호전달과정은 상호 주고받는 과정이 아니라 일방적인 흐름으로 한 순간 휙 지나가 어떤 운동이 일어나버린다.

이는 의식적 신경계통에서 일어나는 신호전달과 매우 다르다. 의식적 활동에서 우리는 인식대상을 주의에 머무르게 하여 그 대상과 계속 교감하고 있다. 상호재진입계통에서는 이것이 가능하다. 같은 대상 혹은 관련된 인지대상을 계속 선택하여 감각질(퀄리아)을 계속 느끼기 때문이다. 짧은 시간동안 많은 감각질을 모아서 그 의미를 찾아내는 것이 의식이다. 잠시 동안의 이러한 기억을 작업기억이라 한다.

하지만 운동과정에서는 운동의 내용을 작업기억으로 불러들여 그 과정을 음미할 수 없다. 운동은 한 순간에 순간적으로 일어나버리는 뇌활성이기 때문이다. 따라서 운동은 무의식적으로 일어나는 일방적 신호전달이며, 그 내용 또한 말로서 표현할 수 없는 비시술적 기억이 된다.

4) 의식의 40 Hz 이론과의 상관관계

크릭(Francis Crick)은 40 Hz 신경활성이 의식의 근거라고 했다. 40 Hz 신경활성은 주의를 기울일 때 생성되는 감마뇌파(γ-wave)이다. 선별된 법경은 어떻게 χ-뇌파로 활성이 높아질까? 위에서 우리는 감마진동이 일어나는 신경기전을 살펴보았다. 시상과 대뇌피질 사이에는 서로 주고받는 재진입(re-entrant) 1:1 대응연결이 되어 있다. 재진입 방식으로 연결되면 서로를 자극할 수 있다. 따라서 감각이 시상으로 전달되고 시상은 연결된 특정 대뇌감각피질에 신호를 전달하면 그 대뇌피질은 역으로 전달받은 시상부위를 자극한다. 이러한 재진입계통(reentrant system)을 통하여 시상부위와 대뇌감각피질은 서로를 자극하여 γ-wave로 활성시킨다. 이를 χ-진동(γ-oscillation) 혹은 χ-공명(γ-resonance)이라고 한다.

한편 감각기관에서 뇌로 올라오는 신호는 축삭곁가지(axon collateral)를 쳐서 뇌간의 그물형성체의 상행그물활성계(ARAS; 수질판내핵군 ILN)로 보내고, 이는 감각시상 $\rightleftarrows$ 대뇌일차감각피질 사이의 리드

믹한 감마진동을 가능하게 도와준다고 하였다. 따라서 '시상 ⇄ 피질 ⇄ 피질' 재진입 역동코어와 '뇌간 그물형성체 → 시상 수질판내핵군' 상행그물활성계는 40 Hz 감마뇌파를 생성하는 핵심신경근거라 할 수 있다.

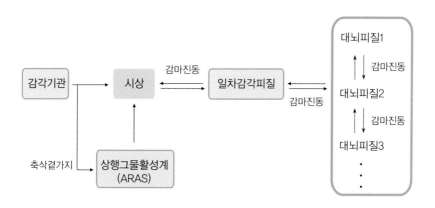

[시상과 대뇌피질 및 피질과 피질 사이의 재진입계통]

시상과 피질 사이, 그리고 피질과 피질 사이의 연결은 서로 주고받는 재진입방식으로 연결되어 있다. 재진입방식의 연결은 서로를 자극하여 활성화시킬 수 있기 때문에 뇌파로 측정하면 40 Hz의 높은 주파수(감마뇌파)를 내는 신경활성을 하게 된다. 주고 받는 양측이 서로 번갈아가며 활성을 갖는 것은 진동이기 때문에 이러한 활성의 진동을 감마진동이라 한다. 한편 감각기관에서 뇌로 올라오는 신호는 곁가지(collateral)를 쳐서 뇌간의 그물형성체(reticular formation)로 보내고, 여기의 일부 핵은 시상으로 신호를 보내어 시상신경세포의 활성을 증가시킨다. 뇌간에서 올라오는 활성신호체계를 상행그물활성계(ascending reticular activation system, ARAS)라 하며, 이는 감마진동에 중요한 역할을 한다.

5) 기억된 현재

에델만(Gerald M Edelman) 교수(1972년 노벨 생리의학상을 수상)는 의식을 한 마디로 '기억된 현재(remembered present)'[96]라고 정의했다. 기억한 현재는 곧바로 과거가 된다. 시간은 간단없이 흘러가기 때문이다. 기억하는 순간 과거가 되기 때문에 '기억된(remembered)' 현재이다.

6) 일차의식(primary consciousness): 기억된 현재(remembered present)

현재 어느 한 시점의 상황을 상상해보자. 어느 짧은 한 순간에도 수많은 정보가 시상으로 동시다발적으로 들어와 시상 ⇄ 피질 ⇄ 대뇌 재진입계를 통하여 각각의 감각질, 의미 및 가치가 순간순간 파악되고 통합된다. 이는 현재를 기억하는 것이다. 현재 상황의 기억 즉 '기억된 현재'를 '방금 지나간 기억'과 비교하면 현재의 의미가 도출된다. 현재 느끼고 있는 감각질들의 통합, 즉 의식의 의미가 파악된다.

이와같이 역동적 핵심 신경계통의 활성은 의식이 있는 동물이 현재상

---

96) Edelman, Gerald M. 저 Remembered Present : A Biological Theory of Consciousness. Basic Books. 1990년 03월

황을 기억하고(즉, 기억된 현재 remembered present), 그 가치를 판단하여 다음 행동을 준비하는데 필요한 의식으로 이를 에델만은 '일차의식(primary consciousness)'[97]이라고 했다. 이는 '현재의 상황을 이해하고, 이 상황에 어떻게 대처할까'를 생각하는 의식이다. 이는 시상 ⇄ 피질 ⇄ 대뇌 재진입계의 활동으로 이루어진다. 재진입계를 통한 이러한 뇌의 작용은 의식적이며, 이러한 과정은 작업기억에 머물며 작동한다. 이러한 과정의 '기억된 현재'는 뇌에 기억으로 남는다. 사람은 기억능력이 탁월하여 많은 기억들을 저장하고 있다가 미래의 어느 '현재'를 기억하고 감각질을 만들 때 회상하여 사용한다. 이러한 기억은 기억내용을 언어로 서술할 수 있다. 서술적 기억[98]이라 한다. 언어로 서술하는 의식을 에델만은 고차의식이라고 한다(아래를 보라).

일차의식은 모든 동물에 존재한다. 민첩하게 반응하는 동물에서는 일차의식이 매우 잘 발달되어 있다. 일차의식은 의식대상을 선별하여 의식내용을 공급하는 신경망인 전두-두정 신경망(fronto-parietal net-

---

97) Edelman, Gerald M. 저 Remembered Present : A Biological Theory of Consciousness. Basic Books. 1990년 03월

98) 서술적 기억은 기억내용을 의식에 불러내어 말로 설명할 수 있는 기억이다. 'what'에 대한 기억으로 나는 어제 강의에서 의식에 대한 설명을 들었다고 하며 그 내용을 설명할 수 있는 기억이 하나의 예이다. 반면에 'how'에 대한 기억은 운동학습에 의한 기억이 좋은 예인데, 자전거를 타는 것을 학습으로 배워 기억이 생성되었지만 기억내용을 말로 설명하기가 쉽지 않다. 이러한 기억을 비서술적 기억이라 하며 여기에 관련된 신경망(즉, 운동신경계통)은 재진입계통이 아니라, 정보가 일방적으로 흐르는 신경망으로 이루어지며 이 계통의 기억은 의식으로 떠올릴 수 없는 무의식적 기억이다.

work)이 중요한 역할을 한다. 무엇인가 새로운 돌출자극이 있으면 재빨리 감지하고 민첩하게 행동하는 것은 이 신경망이 잘 발달되어 있기 때문이다. 이 신경망은 진화적으로 오래 전에 나타났다. 따라서 많은 동물들이 사람보다 더 잘 발달된 전두-두정 신경망을 가지고 있는 것으로 보인다.

반면에 현재의 과제에 집중하고 산만해지지 않는 것은 대상-덮개피질 신경망(cingulo-opercular network)의 기능이다. 이는 보다 나중에 진화하였으며, 사람에서 가장 잘 발달하였다. 사람에서도 어린이보다 어른이 더 잘 발달한 신경망이다. 이는 사람이 성숙할수록 어떤 '현재의 과제'에 더 몰두하여 집중할 수 있게 한다.

7) 고차의식(higher consciousness, 2차의식)

고양이가 쥐의 행동을 관찰하며 현재를 기억하는 것은 분명해 보인다. 하지만 '기억된 현재'를 조망하는 의식이 있을까? 달리 표현하면, 고양이가 '자신이 쥐를 보고 있다'는 사실을 의식하고 있을까? 한편 쥐도 '고양이가 있다'라는 현재를 알고 있을 것이다. 그렇기 때문에 어떻게 도망갈까 생각할 것이다. 분명히 일차기억은 있다. 하지만 '내가 고양이에게 관찰되고 있다'는 사실을 쥐는 의식하고 있을까? 선뜻 대답하기가 망설여진다. 어쩌면 그렇지 싶기 때문이다. 그러면 더 하등동물로 내려가보자. 파리는 '기억된 현재'를 다시 의식할까? 파리가 어떤 사람이 자기를 지켜보고 있다는 사실을 다시 의식할까? 아니면 파리는 단지 앞에 사람이 있다는 사실만 기억할까? 그것도 대답하기 망설여진다면 지렁이는? 지렁이는 건드리면 꿈틀한다. 그것이 전부이다. 지렁이가 '자기를 건드리는 무언가 있다'는 사실을 다시 의식하고 있지 않을 것이다. 단순히 자극에 대한 반응만 할 따름이다. 현재 일어나고 있는 상황을 의식하는 나 자신을 다시 의식하는 것은 한 차원 높은 의식이다.

그렇다. 의식에도 차원이 있다. 이는 뇌의 복잡성에 기인한다. 지렁이뇌, 파리뇌, 쥐뇌, 고양이뇌, 사람뇌는 분명히 그 복잡성이 다르다. 복잡성의 차이는 정보처리의 차원의 차이를 나타낸다. 어느 수준의 복잡성 이상의 뇌는 일차의식을 초월하는 고차의식을 나타낼 것이다. 에델만은 '의식하고 있음을 의식하는 것'을 고등의식(higher consciousness, 2차의식)으로 보았다. 고등의식의 출현은 언어기능의 출현과 함께한다. 언어가 없으면 '의식하고 있음을 의식하는 것'을 표현할 수 없다. 역으로 언어의 출현으로 그런 뇌기능이 발달한 것으로 보인다. 현재의 의식상태를 언어로 보고할 수 있고, 기억된 현재를 과거나 미래에 대한 개념을 첨가하여 서술할 수 있다. 또한 이러한 상황을 사회의 한 일원으로서 나 자신에게 의미하는 바를 해석할 수 있다. 사회적으로 정의된 나 자신에 비추어 생각하는 의식이다. 이는 언어의 사용으로 가능하며, 그렇기 때문에 사람에게만 주어지는 특별한 의식이다.

8) 부파불교의 等無間緣은 에델만(Gerald M. Edelman)의 '기억된 현재 (remembered present)'에 상응한다

연못에 연꽃이 피어있다. 연꽃봉오리에 잠자리가 날아와 앉는다. 곧 날아갈 듯 날개짓한다. 이럴 때 우리는 꽃봉오리와 잠자리에 집중한다. 시간이 흘러도 집중을 유지하며 이 상황을 추적한다. 어느 하나에 집중하면 주변의 다른 물체들에 대한 정보는 차단되든가 잘 느껴지지 않는다. 이런 상황은 우리의 '의식' 속에서 일어나며 서술적 기억으로 남는다.

에델만교수는 어떤 상황에 대한 집중은 시상 ⇄ 피질 ⇄ 피질 재진입 역동코어 신경계에 근거한다고 했다. 시상으로 들어온 연꽃과 잠자리에 대한 시각정보는 시각피질로 전달된다. 시상과 일차감각피질 사이는 서로 주고받는 방식으로 연결되어 있기 때문에 두 부위는 서로 자극하여 공명을 할 수 있게 한다. 이러한 공명은 주고받는 두 부위의 신경활성을 증가시켜 감마공명을 일으킨다. 피질과 피질 사이에도 재진입방식으로 연결되어 있다. 이와같이 재진입계통은 선택된 정보에 대한 활성을 증가시키고, 시간이 흘러 지나가도 그 재진입계통이 계속 활동하게 되면(입력정보가 계속 들어오면) 우리는 그 정보에 계속 집중하게 된다. 현재 상황의 스냅사진이 계속 흘러가고 우리의 주의는 거기에 머물러 있는 것이다. 이것이 특정 감각정보가 의식 속에 유지될 수 신경근

거가 된다.

현재 찰나의 스냅사진은 즉시 과거로 낙사한다. 시간은 간단없이 흐르기 때문이다. 스냅사진은 현재의 마음이다. 무등간연(等無間緣)은 방금 지나간 마음이다. 스냅사진은 에델만교수가 말하는 '기억된 현재(remembered present)'이다. 따라서 방금 지나간 마음은 방금 지나간 스냅사진 즉 '기억된 현재'이다. 현 찰나에 생성되었던 안식1은 기억된 현재1(스냅사진1), 다음 찰나의 안식2는 기억된 현재2(스냅사진2)이다. 현재라고 기억하는 순간 그것은 이미 과거로 지나갔다. 찰나를 따라 이어지는 '기억된 현재'들은 서로 비교되고 해석되어 의미를 부여받아 의식을 만든다. 무등간연은 '기억된 현재'이다.

찰나 찰나로 흘러가면서 의근이 대상(뇌활성)을 포섭하여 '기억된 현재'들을 만든다. '기억된 현재'들은 의식(마음)이다. 앞 찰나의 '기억된 현재'들은 等無間緣이 되어 이어지는 찰나의 '현재(즉, 의식·마음)'를 만든다. 만들어진 순간 이는 다시 과거로 낙사한다. 이와같이 의근은 간단없이 대상(법경)을 선별하여 의식을 만든다. 한 찰나에 하나씩 포섭한다. 포섭한 대상을 계속 포섭하면 대상에 주의를 집중·유지하게 된다. 의식이 유지된다.

바왕가와 17찰나설

우리의 생명은 외부환경에 반응하여 활동을 하지 않을 때
도 계속된다. 깊은 잠에 빠졌을 때도, 심지어 무의식 상태일
지라도 생명은 지속된다. 불교에서는 생명이 지속되는 한 마
음도 지속된다고 본다. 적극적 의식활동을 하지 않을 때의
마음을 바왕가(bhavaṅga, 存在持續心, 有分心)라 한다.
이는 상좌부불교(Theravada Buddhism)의 교리체계(論, 주
석, 아비담마, Abhidhamma)에서 설명하는 마음의 수동적
모드이다. 한편 인식은 통로와 같은 일정한 과정을 거치며,
이 과정을 통과하는데 17찰나가 걸린다고 한다. 17찰나설
이다. 여기에서는 상좌부불교의 인식론과 이에 대한 신경과
학적 근거에 대하여 알아본다.

1. 바왕가와 인식 그리고 의근

1) 바왕가란?

바왕가(bhavaṅga, 存在持續心, 有分心)는 상좌부불교(Theravada Buddhism)[99] 교리체계(論, 주석, 아비담마 Abhidhamma)에서 설명하는 마음의 수동적 모드[passive mode of intentional consciousness (citta)]이다. 바왕가는 주석전통 이전 문헌인 「넷띠빠까라나(Netti-pakaraṇa)」와 「밀린다빵하(Milindapañha)」[100]에서도 발견되는데 존재(bhava)를 성립시키는 요소(aṅga)로서 꿈조차 꾸지 않는 깊은 수면상태를 의미하며 이 상태에서 心은 활동하지 않는다고 하였다.[101]

외부환경에 주의(attention)를 기울여 각성(awake)하고 있지 않을 때에도 생명은 연속된다. 생명의 연속(vital continuance)은 죽지 않는 한 필요하기 때문이다. 이와같이 외부자극에 반응하지 않을 때 존재하는 마음을 바왕가라고 한다. 즉 바왕가는 색, 성, 향, 미, 촉, 법을 대상으로 하지 않을 때 일어나는 마음이다.

---

99) 스리랑카 및 주로 동남아시아에 분포하여서 남방 불교라고도 불린다.
100) 김경래(2016.09). 동남아 테라와다의 정체성 확립과 바왕가(bhavaṅga) 개념의 전개 (1) - Nettipakaraṇa와 Milindapañha를 중심으로 - 불교학연구(Journal for Buddhist Studies), 제48호, 257~282.
101) ibid

바왕가는 밖으로 드러나는 심적활동이 없을 때도 계속 존재하는 비활동 수준의 마음(an inactive level of mind)이다. 예로서, 무의식 혹은 깊은 잠에서는 바왕가만 흐른다. 바왕가의 흐름(bhavaṅga stream)은 인식활동 중에도 인식이 잘 일어나도록 도와주는 마음의 배경이 되어 흐른다. 인식이 일어나지 않을 때는 바왕가만 도도히 흐른다. 그러다가 인식이 시작되면 바왕가는 적극적 인식활동에 자리를 양보하고 자신은 삶의 연속(life continuum) 상에서 배경으로 물러난다. 상좌부불교의 견해는 각각의 의식과정 끝에서 마음은 항상 바왕가 상태로 돌아간다(회기한다). 그 바왕가에 머무는 시간이 아무리 짧더라도. 예로서, 매우 큰 인식대상은 17찰나에 걸쳐 인식된다. 첫 1, 2, 3찰나는 바왕가가 중지되는 과정이며, 마지막 17번째 찰나 다음에는 바왕가이다. 이는 우리가 집중할 때 어떤 인식을 계속 간단없이 하는 것으로 생각하지만 사실은 17찰나씩 짧은 인식을 반복한다는 것이다.

상좌부불교에서 인식은 일정한 과정을 거친다고 했다. 통과하는데 17찰나가 걸리는 '인식통로(vīthi-citta)'이다. 인식통로와 인식통로 사이에는 반드시 바왕가가 흐르기 때문에 바왕가를 '有'(존재/삶)를 '分'(연결)하는 마음이라 하여 有分心이라고 번역하기도 한다. 빨리어로 bhava(바와)는 존재, aṅga(앙가)는 연결고리(limb)이다. 따라서 우리의 의식활동을 하나로 연결하는 '존재의 고리(輪)'라는 뜻이다.

바왕가를 최초로 언급하는 테라와다 초기문헌의 하나인 『밀린다빵하(Milindapañha)』에 나오는 바왕가의 설명을 보자.

> 대왕이여! 잠에 든 자의 心은 바왕가로 가고,
> 바왕가로 간 心은 활동하지 않으며,
> 활동하지 않는 心은 樂이나 苦로 구분되지 않습니다.
> 인식하고있지 않은 자는 꿈을 꾸지 않습니다.
> 心이 활동할 때 꿈을 봅니다.
>
> 『밀린다빵하(Milindapañha)』

깊은 수면상태가 '心이 바왕가에 든 상태(citta bhavaṅga-gata)'이며, 心이 바왕가에 든 상태는 樂이나 苦, 즉 善이나 不善으로 구분할 수 없으며, 동시에 인식대상을 지니지 않은, 心의 비활동 상태라 설명하고 있다. 유가행파 최초기의 논서에 해당하는『유가사지론(瑜伽師地論)』은 더 나아가 깊은 수면(睡眠), 기절한 상태(悶絶), 무상정에 든 경우(無想定), 무상처에 태어난 경우(無想生), 멸진정에 든 경우(滅盡定), 무여열반에 든 경우(無餘依涅槃界) 등의 상황에서 心은 비활동 상태(無心)로 전환된다고 한다. [102]

---

102) 瑜伽師地論」(T. 30 no. 1579) pp. 344c16-345a16. 김경래. 동남아 테라와다의 정체성 확립과 바왕가(bhavaṅga) 개념의 전개 (1) - Nettipakaraṇa와 Milindapañha를 중심으로 - 불교학연구(Journal for Buddhist Studies), 제48호(2016.09) pp. 257~282.

2) 바왕가와 17찰나설, 그리고 '저게 뭐지' 반응의 상관관계

왜 상좌부불교에서는 바왕가와 17찰나설을 주장하였을까? 인식이 0.23초(17찰나)로 잘라져 이어진다는 사실을 어떻게 주장할 수 있었을까? 의식이 없어도 생명이 계속됨을 인지하면 바왕가 상태의 마음을 설정할 수 있다. 이는 쉽게 이해가 간다. 하지만 골똘히 무언가에 집중하고 있을 때는 연속적으로 인지활동을 하는 것으로 보이는데 어떻게 그런 상황도 17찰나씩 잘라서 인식한다고 간파하였을까? 인식과정과 인식과정 사이에는 왜 반드시 바왕가가 개입한다고 주장했을까? 1찰나는 너무 짧은 순간이기 때문에 인식이 17찰나씩 잘라서 이루어지고 그 사이에 비인식상태인 바왕가가 개입함은 현대 뇌과학 실험방법으로 증명해볼 수 없다.

하지만 하나의 인지가 매우 짧은 순간에 이루어짐을 보여주는 실험이 있다. '저게 뭐지' 반응이다. 예로서, 갑자기 어떤 소리를 들려주었을 때 뇌가 반응하는 것을 '저게 뭐지' 반응이라고 하였다. 소리를 인식하는 반응이다. 17찰나설은 의근이 새로운 인식대상을 포섭하여 예비·변환 → 입력·수용 → 검토·결정 → 처리·저장의 4단계를 거치는데 17찰나(17/75초, 약 0.23초)가 걸린다는 것이다. 17찰나설에서 설명하는 4단계는 '저게 뭐지' 반응에서 소리를 들려 준 후 사건연관전위(Event-related potential, ERP)가 나타나는 과정일 것이다. ERP는 N2 뇌파

신호로 최초로 나타나고 곧 이어서 P3로 나타난다. 자극 후 N2는 0.2초, P3는 0.3초 후 앞두정부위에 나타난다. 뇌과학적으로 보면 스위치 뇌 부위인 rFIC(오른쪽 전두-뇌섬엽피질)에 최초로 반응이 나타나는데 걸리는 시간이다. rFIC는 돌출자극을 포섭하는 의근에 해당한다고 하였다. 의근이 자극을 포섭하여 분석반응을 시작하는데 약0.2-3초가 걸리고 그 후 곧바로 뇌전체로 신호가 전달되어 그 의미가 파악된다. 이렇게 신호의 포섭과 전달의 파동이 빠르게 반복될 것이라 가정하면, 마음은 17찰나에 걸쳐서 한 번의 인식을 하고 바왕가로 회기한 후 다시 인식하는 과정을 빠르게 반복한다는 '17찰나 인식설'의 통찰과 너무 잘 맞는다. 감탄할 따름이다. 단, 인지대상의 포섭과 포섭 사이에 바왕가가 개입하는 시간이 너무 짧으면 뇌신호 파동은 중첩되기 때문에 분리하여 관찰할 수 없다. 따라서 이는 가정이다.

3) 바왕가의 신경상응(neural correlates of bhavaṅga, NCB): 기본모드신경망(default mode network, DMN)

바왕가에 상응하는 뇌의 구조(신경회로)는 무엇일까? 미얀마의 상좌부불교 승려이며 아비담마를 연구하는 학자인 Sayadaw U Rewata Dhamma(1929-2004)는 바왕가를 다음과 같이 설명한다. [103]

---

103) Process of Consciousness and matter. Bhaddanta Dr. Rewata Dhamma 저. 2004 Triple Gem Publications, 2295 Parkview Lane, Chino Hills, CA 91709, USA

bhavanga는 2개의 단어를 합친 말인데 "bhava"는 존재(existence) 그리고 "anga"는 요소(factor)이다. 따라서 bhavanga는 존재의 필수 조건("the indispensable or necessary condition of existence")을 의미한다. 또한 Bhavanga는 수정 순간부터 죽음 순간까지 개인의 존재를 보존하는 의식기능으로 정의된다 - "that function of consciousness that acts to preserve an individual existence from the moment of conception until the moment of death". 바왕가 마음(Bhavaṅga citta)은 적극적 인식작용이 없을 때마다 일어나고 사라진다. Bhavanga는 꿈도 꾸지 않는 깊은 잠에서 가장 분명히 나타난다. 하지만, 바왕가는 깨어있을 때에도 인식작용이 일어나는 사이사이에 순간적으로 수없이 많이 일어난다. 일부 학자들이 bhavanga citta가 무의식 마음(unconscious mind), 혹자는 마음의 잠재의식 상태(subconscious state of mind)에 속한다고 하지만 사실 bhavanga는 의식 그 자체(consciousness itself)이기 때문에 무의식이나 잠재의식적 마음에 속한다고 할 수 없다. Bhavanga는 마음(의식 consciousness)의 수동적 유형(passive mode)이다. 적극적 유형이 아니라(not the active mode), Bhavanga citta는 의식의 수동적 단계(passive phase)에서는 항상 일어나고 사라지며, 끝없이 흐르는 강과 같이 계속 흐르고 또 흐른다. 바왕가는 인식작용의 시작단계에서 마음-문(mind-door)에 들어오는 자극에 흔들려 구류(arrest)되고, 적극적 마음이 주의(attention)를 시작하면 적극적 마음에 물려주고 자신은 바왕가의 흐름 속으로 가라앉는다(subsides into the bhavanga stream).

뇌의 기본모드망(default mode network, DMN)의 기능은 바왕가와 유사하다

잠잘 때나 나른히 졸고 있을 때와 같이 외부자극에 대한 반응을 하지 않을 때 우리의 뇌는 무엇을 할까? 뇌는 의식이 없을 때조차도 활동을 계속한다. 이와같이 외부자극에 반응하지 않을 때 "기본적으로(by default)"으로 작동하는 뇌부위를 기본모드신경망(DMN)이라 한다. 이 신경망은 몽상(daydreaming)이나 방황하는 마음(mind-wandering)과 같이 깨어있으나 특별히 외부자극에 반응하고 있지 않을 때 활성화된다. 현재의 자신을 생각하거나, 과거를 회상하거나, 미래를 계획할 때도 활성화된다. 반면에 뇌의 중앙관리신경망(central executive network, CEN)은 외부자극에 반응할 때 활동하는 뇌이다. 즉, 환경에 반응하는 CEN 뇌가 활동할 때 DMN은 활동하지 않는다. 또한 DMN이 활동할 때는 CEN은 활동하지 않는다.

DMN은 마취되었을 때나 식물인간상태에서도 작동한다. 그리고 다양한 깊이 단계의 잠에서도 활동하는데, 주위환경에 대한 자극을 감시하는 매우 중요한 역할을 한다. 이 무의식적 감시는 주위환경의 자극을 탐지하는 보초(sentinel, guard)와 같은 역할이다. 즉, 의식이 없을 때에도 DMN이 보초역할을 하고 있어 어떤 자극이 일어나는지 주의를 바짝 기울이고 있다는 뜻이다. 따라서 DMN은 우리가 집중하지 않고 있을 때 즉 수동적 인식모드에서 외부세계를 감시하는 보초라고 이해된다.[104] DMN의 이러한 기능은 바왕가의 역할과 매우 가깝다. 아래에 두 마음체계를 비교했다.

바왕가와 기본모드신경망의 비교	
存在持續心 (바왕가 bhavaṅga, 有分心)	기본모드신경망 (Default Mode Network)
<ul><li>六根이 그 대상을 만나지 않을 때 자신을 대상으로 찰나생 찰나멸하며 계속 흐르는 상속[相續]</li><li>밖으로 드러나는 심적활동이 없을 때도 계속 존재하는 비활동 수준의 마음</li><li>외부환경에 각성하고 있지 않을 때 생명을 이어주는 연속(vital continuance)</li><li>각각의 의식과정 끝에는 마음은 bhavaṅga 상태로 회기</li><li>분명한 인지(cognition)가 일어나지 않을 때에 의식의 연속을 유지</li><li>'존재의 고리(輪)'로서 무의식 혹은 깊은 잠에서 흐르는 수동적 마음</li></ul>	<ul><li>과제를 수행하지 않을 때 "기본적으로(by default)"으로 작동</li><li>다른 사람들을 생각하거나, 자신을 생각하거나, 과거를 회상하거나, 미래를 계획할 때도 활성</li><li>주위의 자극에 반응하는 중앙관리신경망(CEN)과는 교대로 활동. 즉, CEN이 활동할 때 DMN은 활동하지 않음</li><li>몽상(daydreaming)이나 방황하는 마음(mind-wandering) 같이 깨어있으나 쉬고 있을 때 활성화</li></ul>

---

104) Mason MF, et al. (2007) Wandering minds: The default network and stimulus-independent thought. Science 315:393-395. Raichle ME, et al. (2001) A default mode of brain function. Proc Natl Acad Sci USA 98: 676-682.

제4장
싸띠수행의 뇌과학

붓다는 마음도 하나의 감각이라고 보고 그것을 감지하는 근[감각기관]을 의근이라 하였다. 전오경이 물질이듯 마음도 물질로 간주한 것이다. 따라서 붓다는 마음을 가공할 수 있는 물질적 대상으로 보았다. 그리고 가공하는 방법을 일러주었다. 수행이다. 수행을 통하여 마음을 가공하면 깨달은 마음을 얻을 수 있는 길을 알려주었다. 그 수행방법을 싸띠수행이라 한다. 싸띠(sati)는 알아차림이다. 여기에서는 마음의 구조와 싸띠수행의 신경과학적 근거에 대하여 알아본다.

1. 의식과 싸띠수행의 뇌과학적 해석

5. "고따마 존자시여, 그러면 마노는 무엇을 의지합니까?"

　　"바라문이여, 마노[意]는 마음챙김을 의지한다. "

6. "고따마 존자시여, 그러면 마음챙김은 무엇을 의지합니까?

　　"바라문이여, 마음챙김은 해탈을 의지한다. "

7. "고따마 존자시여, 그러면 해탈은 무엇을 의지합니까?"

　　"바라문이여, 해탈은 열반을 의지한다"

8. "고따마 존자시여, 그러면 열반은 무엇을 의지합니까?"

　　"바라문이여, 그대는 질문의 범위를 넘어서버렸다.

　　그대는 질문의 한계를 잡지 못하였구나.

바라문이여, 청정범행을 닦는 것은 열반으로 귀결되고

열반으로 완성되고 열반으로 완결되기 때문이다. "

[상윳따 니까야]

운나바 바라문 경(Unnābhabrāhmana-sutta)[105]

---

105) 운나바 바라문 경(Unnābhabrāhmana-sutta). 상윳따 니까야 제5권 (S48:42) p. 585-
586. 각묵스님 옮김. 초기불전연구원 2009.

1) 알아차림(싸띠 sati)

붓다는 괴로움이 무엇이며 그 원인과 해결방법을 가르쳤을 뿐 아니라 깨달음에 이르는 방법까지 알려주었다. 소위 마음을 잘 이해하고 다스려 괴로운 마음에서 벗어나고자 하는 수행의 길이다. 붓다는 마음챙김(알아차림) 수행으로 깨달음을 얻었다고 한다. 마음을 잘 관리하여 괴로움이 없는 열반에 이르고자 하는 것은 우리 모두의 갈망이다. 「운나바 바라문경」에서 마음은 마노[意] → 마음챙김 → 해탈 → 열반의 단계로 의지한다고 했다. 의지한다는 것은 관리를 받는다는 뜻이다. 마노는 마음챙김이 관리하고, 마음챙김은 해탈이 관리하고, 해탈은 열반이 관리한다는 뜻이다.

해탈과 열반의 경지는 저자가 언급할 단계가 아니다. 하지만 마노가 마음챙김에 의지하는 단계는 우리 모두가 관심을 가지고 수행할 수 있는 마음수준이다. 마음챙김기능으로 마노를 관리할 수 있다고 한다. 마노[意]는 좁게는 의근을 지칭하고 조금 넓게 보면 마음의 '생각하는 기능'을 의미한다. 그리고 마음챙김은 다른 말로 '알아차림' 기능이다. 알아차림이 마음챙김보다 더 이해하기 쉽고 더 직접적으로 와 닿기 때문에 여기서는 알아차림으로 사용한다.

알아차림은 초기불교에 등장하는 빠알리(pāli)어 싸띠(sati)를 번역한 것으로, 동국대 불교학부 김성철교수는 'sati에 해당하는 산스끄리

뜨어는 Smṛti이고 일반적으로 '기억'을 의미하는 단어지만, 현대사회에서 아나빠나싸띠(Ānāpānasati, 出入息念)나 四念處(Cattāro Sati-paṭṭhānā)의 싸띠 수행을 응용하여 위빠싸나(Vipassanā) 등 다양한 수행법이 개발되면서 싸띠가 "지금 이 순간의 경험을 명료하게 알아차림" 정도의 의미로 정착되고 있는 듯하다'[106]고 정리한다. 현재 순간의 경험을 명료하게 알아차림하면 마음이 편안해지고, 더 나아가 사성제(四聖諦) 가운데 고성제(苦聖諦)를 이해하게 되고 궁극적으로는 괴로움이 없어지는 멸성제(滅聖諦)를 체득한다는 것이다.

2) 배회하는 마음 - 기본모드망의 기능

현재를 사는 사람이 더 행복하다. 현재 일어나고 있는 일에 집중하는 것이 과거나 미래로 방황하는 것보다 더 행복하다. 그렇게 하려면 현재를 명료하게 인식하여야 한다. 현재 순간의 경험을 명료하게 알아차림하지 않으면 왜 마음이 편안하지 않을까? 우리의 뇌에는 시상 ⇄ 감각피질 ⇄ 다른 대뇌부위 재진입계를 통하여 의식이 생성된다고 하였다. 다른 대뇌부위들 가운데 가장 큰 기능은 기억이 저장된 곳들이다. 우리는 살아가면서 많은 정보들을 계속 저장하기 때문이다.

---

106) 김성철 (2014) 싸띠(Sati) 수행력의 측정과 향상을 위한 기기와 방법. 한국불교학 제72집, pp. 293-325.

저장된 정보들은 여차하면 회상될 기회를 엿보고 기다리고 있다. 무언가 단서가 주어지면 곧바로 회상된다. 연결신경망으로 유사한 정보들은 서로 연결되어 있기 때문이다. 시상을 통한 감각정보이든 순수한 생각에 의한 내인적 정보이든 어떤 정보가 뇌에 들어와 뇌활성을 일으키면 우리의 뇌는 대뇌부위 ⇄ 대뇌부위 사이의 끊임없는 연결을 통하여 계속 생각이 옮겨간다. 시작은 현재 경험하고 있는 외부자극이 하였지만 이어지는 생각들은 현재 경험과 점점 멀어져 엉뚱한 곳으로 흘러간다. 그 생각은 필시 나에 대한 생각이다. 지난 과거에 있었던 일들을 떠올려 생각하고 미래의 일들을 가정하여 생각한다. 생각은 대개 부정적인 것들이다. 왜냐하면 긍정적인 것보다 부정적인 것들이 훨씬 더 강하게 기억에 남아 있기 때문이다. 따라서 이러한 생각의 표류는 대개는 괴로움의 원인이 된다. 이러한 나에 대한 생각을 불러일으키는 뇌는 기본모드신경망(DMN)이다.

마음을 현재에 집중하는 사람이 더 행복하다고 했다. 이는 잘 알려진 명제이다. 그런데 사람 마음은 배회하게 되어 있다. 우리의 뇌는 그렇게 만들어져 있기 때문이다. 우리는 근본적으로 배회하는 마음 불행한 마음을 소유하고 있다. 연구[107]에 의하면 특정한 일을 하면서도 사

---

107) Matthew A. Killingsworth, Daniel T. Gilbert (2010) A Wandering Mind Is an Unhappy Mind. Science 330, 932.

실은 반(46.7%)은 딴 생각을 한다. 예외는 성관계이다. 성관계를 할 때 우리는 90%의 시간을 성행위에만 집중한다고 한다. 왜 그럴까? 특이한 것 같지만 사실은 당연한 결과이다. 일반적인 과제를 수행할 때는 외인적 자극이 계속 들어가지 않는다. 많은 시간 뇌 속에서 생각하는 시간이 많다. 이럴 때는 필시 마음은 배회한다. 하지만 계속 주시해야 하는 과제를 수행할 때 우리의 마음은 배회하지 않는다. 예로서 테니스를 치는 시간 동안에 우리는 공만 쫓아다닌다. 집중하지 않고 마음이 배회하지 않는다. 계속 외부자극이 들어가기 때문이다. 성행위도 마찬가지 경우이다.

계속 새로운 자극이 들어가면 우리의 마음은 그 자극들에 따라간다. 하지만 일상생활에서 새로운 자극이 24시간 계속 들어오지 않는다. 마음이 배회할 시간이 많다는 뜻이다. 그렇기 때문에 우리의 마음은 현재에 집중하는 훈련이 잘 되어 있지 않다. 오히려 배회하는 마음은 잘 발달되어 있다. 배회하는 것은 특별히 훈련하지 않아도 저절로 되기 때문이다. 연관신경망으로 마음은 본디 저절로 흘러가게 되어 있고, 특히 나에 대한 자서전적 마음은 매우 단단하게 연결되어 있고, 그 내용 또한 풍부하다. 방황하는 마음은 항상 나에 대한 생각으로 흘러가게 되는 이유이다.

생각의 표류 즉 마음의 배회 내용은 모두 나와 관련이 있다. 그래서 자서전적 생각이라 한다. 자서전적 생각은 뇌의 기본모드망(DMN)의 기능에서 나온다. 기본모드망은 현재를 인식하는 과정에서도 활성화된다. 현재의 인식내용에 과거의 기억을 첨가하는 기능이다. 대상을 인식하는 과정에 기본모드망을 자극하여 자기와 관련된 과거의 기억들이 되살아나고 그것들을 현재 인식하고 있는 대상에 덧붙이는 것이다. 그런데 여차하면 현재의 인식은 온데 간데 없고 나의 자서전적 생각이 주가 된다. 그렇기 때문에 생겨나는 마음을 알아차림하여 현재 생성되는 마음에 명료하게 집중하면 생각이 표류하지 않고 현재를 보다 더 명료하게 인식할 수 있다.

기본모드망은 성장한다. 갓 태어난 아기는 본능적인 것 외에는 자기 생각이 거의 없다. 하지만 성장하고 경험하면서 나에 대한 개념이 생기고 나와 관련된 기억들이 쌓인다. 경험에 대한 기억들은 기본모드망에 더해져 내용이 풍부해지고 기능도 강화된다. 자서전적 생각이 더 강해진다는 뜻이다. 어릴수록 '멍때리기'를 잘 한다. 생각이 표류하지 않는다는 것이다. 물론 멍때리는 상태는 어디엔가 집중하는 것도 아니다. 하지만 생각이 옮겨다니지 않는 것은 분명하다. 성인이 되면 멍때리고 있는 것이 힘들다. 많은 생각이 떠올라 주체할 수 없기 때문이다. 성인이 되면 기본모드망이 매우 강하게 발달한다는 것이다. 아래그림에서 기본모드신경망이 차지하는 뇌부위를 보라. 전체 뇌에서 기본모드망이 차지하는 부위는 엄청나다. 이렇게 큰 부위를 차지하는 기능은 아마도 시각뇌 밖에 없을 것이다. 시각은 우리가 살아가는데 너무나 중요하기 때문에 시각정보처리를 하는 뇌부위도 그만큼 크다. 기본모드망도 그만큼 큰 기능으로 발달했다. 물론 기본모드망은 여러 가지 기능을 한다. 다만 마음을 배회하게 하는 측면에서 보면 그렇게 긍정적인 뇌기능이 아니라는 것이다. 특히 현대를 사는 우리들에게는.

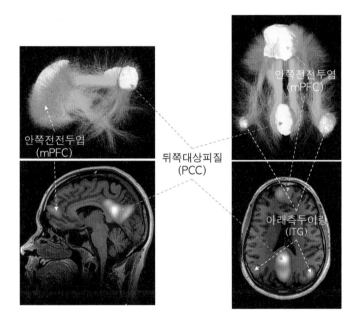

[기본모드신경망]

기본모드신경망은 나 자신과 관련된 기억, 즉 자서전적 생각의 원천이다. 나에 대한 기억의 서술적 내용은 mPFC에, 추억의 그림장면들은 ITG (inferior temporal gyrus 아래측두이랑)에 쌓인다. 이 두 부위들은 PPC를 통하여 연결된다. 아래그림은 기본모드신경망 활성의 MRI 영상,[108] 위그림은 연결망을 보여준다.[109]

3) 명료하게 현재에 집중하여 알아차림하면 기본모드망의 기능이 약화된다

그렇게 강하게 발달된 기본모드망을 어떻게 약화시킬까? 능동적으로 약화시킬 방법은 없다. 유일한 방법은 기본모드망의 사용을 줄이는 것이다. 뇌도 근육과 마찬가지다. 사용을 많이 하는 뇌신경회로는 강해지고 사용하지 않는 회로는 약해진다. 근육과 같이 뇌도 사용하는 빈도가 낮으면 그 기능이 약해진다는 뜻이다. 근육이 변화하는 것은 잘 보인다. 운동을 하면 근육이 강화되고 운동을 하지 않으면 근육이 약화되는 것은 눈에 잘 띈다. 뇌도 마찬가지인데 눈에 보이지 않기 때문에 우리가 인식하지 못한다. 유산소운동(에어로빅, aerobics)을 하여 근육을 강화하듯 뇌운동(뉴로빅스, neurobics)을 하면 뇌기능이 강화된다. 기본모드망의 기능을 약화시킬려면 그것의 사용빈도를 줄여야 한다.

신경세포들 사이의 연결부분인 시냅스(연접, synapse)는 변화하는

---

108) File:Default mode network-WRNMMC.jpg,
https://wiki2.org/en/Default_mode_network#/media/File:Default_mode_network-WRNMMC.jpg Original paper: Graner J, Oakes TR, French LM, Riedy G (2013) Functional MRI in the investigation of blast-related traumatic brain injury. Front Neurol. 2013 Mar 4;4:16. doi: 10.3389/fneur.2013.00016.
109) File:Default Mode Network Connectivity.png (Author: Andreashorn)
https://wiki2.org/en/Default_mode_network#/media/File:Default_Mode_Network_Connectivity.png

성질이 있어서, 자주 사용하면 연결강도가 증가하고 사용하지 않으면 연결강도가 감소한다. 이러한 연접연결강도의 변화성을 연접가소성(synaptic plasticity)이라 한다. 연접연결강도의 증가는 기억(정보)을 더 강하게 하는 것이고, 강도의 감소는 기억을 약화시키는 것이다. 강한 기억은 회상되기가 쉽다. 나에 대한 생각의 뇌신경회로를 이루고 있는 연접들의 연결강도를 약화시키면 회상이 잘 되지 않을 것이다. 약화시키려면 그 연접을 자주 사용하지 않으면 된다. 어떻게 연접의 사용을 줄일까? 능동적으로 사용하지 않는 방법은 없다. 다른 곳에 집중함으로써 나의 자서전적 기억들을 약화시켜야 한다. 현재에 집중하여 명료하게 알아차림하는 것이 좋은 방법이다. 지금 일어나고 있는 인식작용을 알아차림하면 마음은 현재에 머무른다. 연결된 신경망을 통하여 과거로 배회하지 않는다. 나에 대한 생각이 떠오르지 않는다. 자서전적 기억들의 신경회로들을 활성화시키지 않는다는 것이다. 당연히 관련된 시냅스들의 활동빈도가 줄어들어 그 기능이 약화된다.

4) 기본모드망은 현재를 인식할 때도 활성화된다

기본모드망(DMN)은 내면지향적 사고, 예로서 기억회상 혹은 망상에 작용한다. 우리는 외부환경을 인식하는 동안에는 망상을 하지 않는다. 다양한 인지과제 중에는 기본모드망이 탈활성화(deactivation)된다. 외부자극 인지과정 동안, 즉 육식이 일어나는 동안에는 내면지향적 사고기능이 약화된다는 뜻이다. 하지만 그렇게 단순하지만은 않다. 기본모드망은 인지과정 동안에 적극적으로 개입하기도 한다. 이렇게 다양한 기능을 하는 것은 기본모드망이 복잡한 구조로 되어 있기 때문이다. 그 복잡성의 중심에 뒤대상피질(PCC)이 있다. 뒤대상피질은 기본모드망의 중심연결허브(central hub)인데, 최근의 연구에 따르면 뒤대상피질은 단일구조가 아니라, 10개의 하부구조들로 이루어진다. 하부구조는 뒤대상피질을 이루는 아래 단위의 작은 구조들을 말한다.

뒤대상피질은 크게 보았을 때 배쪽뒤대상피질(ventral PCC, vPCC)과 등쪽뒤대상피질(dorsal PCC, dPCC)의 두 부위로 나눌 수 있다. 이들은 각각 5개씩의 하부구조들로 이루어지는데 등쪽뒤대상피질(vPCC)의 하부부구조들은 운동신경망, 감각신경망, 그리고 인지조절신경망(cognitive control network, CCN; 전두 - 두정신경망임)과 연결되어 있다. 등쪽뒤대상피질과 연결된 구조들은 크게 보면 모두 중앙관리망에 속한다. 반면에 배쪽뒤대상피질의 하부구조들은 중앙관리망과 연결되어 있지 않다.

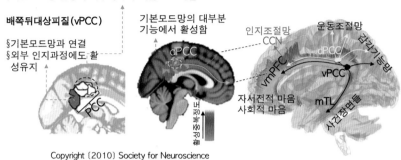

등쪽뒤대상피질(dPCC)
§기본모드망 및 외부 인지조절망과 연결
§인지과정에서 탈활성화
§기본모드망 활성시 외부자극에 대한 보초역할

배쪽뒤대상피질(vPCC)
§기본모드망과 연결
§외부 인지과정에도 활성유지

기본모드망의 대부분 기능에서 활성함

인지조절망 CCN

운동조절망

dPCC

dPCC

vmPFC

vPCC

자서전적 마음
사회적 마음

mTL

PCC

뇌활성정도

[뒤대상피질의 하부구조와 활성]

대상피질은 구조적 및 기능적으로 적어도 10개의 하부구조들로 이루어진 기본모드망(DMN)의 중심허브이다. 각각의 하부구조들은 대뇌의 다른 부위들과 광범위하게 연결되어 뇌의 다양한 부위들과 공조를 이루어 활동한다. 뒤대상피질은 크게 등쪽대상피질(dPCC)과 배쪽뒤대상피질(vPCC)으로 나누어진다. 뒤대상피질 전체는 인지 활동 동안에 활성이 약화된다. 이러한 탈활성화는 등쪽뒤대상피질에서 확연하다. 왜냐하면 등쪽뒤대상피질은 인지조절망, 운동조절망, 감각기능망 등과 연결되어 있어 이 부위들의 활성은 등쪽뒤대상피질의 활성을 억제하기 때문이다. 반대로 기본모드망이 활성할 때는 그 신호가 등쪽뒤대상피질로 전달되고 이는 중앙관리망의 활성을 억제한다. 가운데 그림은 등쪽뒤대상피질이 기본모드망의 거의 모든 활성에 공조됨을 나타낸다. 따뜻한 색깔 쪽으로 갈수록 더 공조가 많이 일어남을 표시하였다(Leech R et al., 2012)[110]

110) Leech R, Braga R, Sharp DJ. (2012) Echoes of the brain within the posterior cingulate cortex. J Neurosci. 32(1):215-22. doi: 10.1523/JNEUROSCI.3689-11.2012.

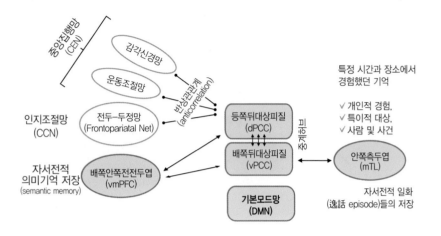

[인지신경망-뒤대상피질-기본모드망의 구조적 및 기능적 연결]

뒤대상피질(PCC)는 기본모드망의 중추허브이다. 등쪽뒤대상피질은 인지조절망
(CCN, 전두두정망), 운동조절망 및 감각신경망들을 배쪽안쪽전전두엽과 구조적으
로 연결하고, 기능적으로는 반상관관계(anticorrelation)를 이룬다. 배쪽뒤대상피질
은 배쪽안쪽전전두엽과 안쪽측두엽을 연결시킨다. 배쪽 및 등쪽뒤대상피질과 서로
소통하여 중앙관리망의 활성을 배쪽안쪽전전두엽 및 안쪽측두엽으로 전달한다.

　　중앙관리망의 활성은 기본모드망의 전반적 활성을 약화시킨다. 하
지만 운동이나 인지활동 같은 외부자극에 주의·주목(attention)을 요
구하는 과제를 수행할 때 강한 탈활성화가 일어나는 부위는 이 등쪽
하부구조들이다. 이 부위들이 중앙관리망과 구조적으로 강하게 연결
되어 있으며, 기능적으로는 반(反)상관관계(anticorrelation)를 이룬
다. 반상관관계는 음의 상관관계로 어느 한쪽이 활성화되면 다른 쪽은

탈활성화된다는 뜻이다. 즉, 등쪽뒤대상피질에 운동 및 인식활동의 메아리(echo)가 반영되어 등쪽뒤대상피질의 하부구조들의 활성이 억제된다. 등쪽뒤대상피질은 기본모드망 가운데 주로 배쪽안쪽전전두엽(vmPFC)과 연결되어 있다. 배쪽안쪽전전두엽은 나에 대한 자서전적 마음 가운데 의미기억(semantic memrory)이 저장된 곳이다. 살아오면서 만난 사람들, 경험들의 의미들이다. 예로서 어디에 관광을 갔을 때 그곳에서 느꼈던 나의 감상 같은 것이다. 이러한 경험적 감상과 같은 자서전적 마음은 운동이나 인지활동을 수행할 때 거의 일어나지 않는다. 등쪽뒤대상피질에 의하여 강하게 억제되기 때문이다. 또한 그런 의미기억들을 불러내기 위해서는 보다 복잡한 노력이 필요하기 때문일 것이다. 언뜻 이해가 잘 안될지 모르겠으나, 신경회로적 관점에서 생각하면, 의미기억은 아마도 특정 사건의 맨 뒤편에 저장되어 있을 것이다. 이런 기억은 사건의 단편적 장면을 불러내는 것보다 어렵다. 운동이나 인식활동 동안에 의미적 기억에 대한 망상이 일어나지 않는 이유가 여기에 있다.

하지만 운동이나 인지활동을 할 때에도 과거에 경험했던 일화(逸話, episode) 기억들은 쉽게 회상된다. 일화기억은 경험했던 사건들의 전체적인 의미가 아니라 토막토막의 삽화(揷話)에 해당하는 개인적 경험, 특정 대상, 사람 및 사건들에 대한 시각적 장면들이다. 이들은 이야기나 사건의 줄거리에 끼인 짧막한 토막들에 대한 기억들이다. 이들은 보다 단순한 기억이기 때문에 쉽게 회상되며 현재의 인지활동에 중요한 역할을 한다. 현재의 인식대상을 이해하고 가치판단을 하는데 과거의 경험이 필요하기 때문이다. 이러한 정보들 또한 기본모드망에 저장되어 있다. 어떻게 이런 정보들은 의미적 기억과 달리 쉽게 회상될까? 이에 대한 답은 뒤대상피질 내의 연결에서 찾아볼 수 있다.

경험했던 사건(episode)들이나 색성향미촉에 대한 오감적 기억정보들은 대뇌의 여러 부위에 흩어져 저장되어 있다. 가장 많은 정보를 차지하는 시각적 경험들에 기억정보는 안쪽측두엽(medial temporal lobe, mTL)에 저장된다. 이 부위는 배쪽뒤대상피질과 강한 연결을 하고 있다. 한편 배쪽 및 등쪽뒤대상피질은 서로 소통한다. 따라서 중앙관리망(CEN)-등쪽뒤대상피질(dPCC)-배쪽뒤대상피질(vPCC) 사이의 연결을 통하여 배쪽뒤대상피질과 연결된 안쪽측두엽(mTL; 에피소드기억들)도 중앙관리망과 기능적으로 반상관관계를 이룬다. 하지만 등쪽뒤대상피질(dPCC) → 배쪽뒤대상피질(vPCC) 연결을 한 번 더 거치기 때문에 탈활성화되는 정도가 약하다. 의미기억이 저장된 배쪽안쪽전전두엽은 등쪽뒤대상피질과 직접 연결되어 있음을 상기하라. 그렇기 때문에 배쪽뒤대상피질이 연결하는 기본모드망의 기능(즉, 에피소드기억)은 중앙관리망이 활동할 때도 어느 정도 활성화된다. 운동이나 인지활동을 할 때도 과거의 여러 가지 경험했던 장면들이 떠오른 이유가 여기에 있다.

5) 기본모드망은 외부자극 출현에 대한 보초기능도 한다

나른한 봄날 졸면서 자기생각의 망상에 빠져 있을 때에도 우리는 작은 소리와 같은 환경변화에 즉각적으로 반응한다. 기본모드망에서 중앙관리망으로 뇌활성이 스위치되는 것이다. 자기망상 중에 어떻게 외부자극을 재빨리 탐지할까? 이에 대한 답은 등쪽뒤대상피질의 기능에서 찾을 수 있다.

인지조절망(CCN)-등쪽뒤대상피질(dPCC)-기본모드망(DMN) 연결에서 보듯이 등쪽뒤대상피질은 중앙관리망과 기본모드망의 인터페이스(interface)이다. 등쪽뒤대상피질은 기본적으로 기본모드망의 중심 허브이다. 하지만 등쪽뒤대상피질은 인지조절망(전두-두정신경망)과도 소통하고 있어서 주목할 대상이 생기는지를 잘 경계하고 있다. 부연설명을 하면, 특별한 외부자극이 없어서 내면적 관찰(자기생각)이나 망상을 하고 있을 때(이는 기본모드망의 기능이다)에도 우리의 뇌는 무엇인가 외부자극이 일어날 것(이는 인지조절신경망의 기능이다)에 항상 대비하고 있다는 뜻이다.

망상을 하고 있다가도 무엇인가 나타나든가 작은 소리가 나면 우리의 뇌는 곧바로 그 외부자극에 반응한다. 우리가 의식하고 있지는 않지만 무의식적으로 이런 '보초(sentinel, guard) 기능'이 진행되고 있다.

기본모드망이 이러한 보초역할을 하는데 기본모드망 가운데 등쪽뒤대상피질이 그런 역할을 한다는 것이다. 등쪽뒤대상피질이 외부자극을 감지하는 전두 - 두정신경망과 연결되어 있기 때문이다. 이와같이 등쪽뒤대상피질은 특별한 외부자극이 없을 때에도 주목대상이 나타나는지를 살피는 보초기능을 한다. 외부자극이 탐지되면 즉각적으로 기본모드망은 탈활성화된다.

등쪽뒤대상피질 부위를 제외한 다른 기본모드망의 하부구조들은 주목을 요구하는 과제를 수행하고 있을 때에도 계속 활동한다. 현재 어떤 대상에 주목하고 있는 가운데에도 망상을 하지는 않지만 기본모드망의 다른 많은 기능은 활동하고 있다는 것이다. 과거에 경험했던 사건과 오감기억들이 중앙관리망에 의하여 잘 억제되지 않는 부분의 기본모드망에 저장되어 있기 때문이다. 이러한 기억정보들을 현재의 인식에 첨가할 필요성은 자명하다.

6) 사람뇌는 현재를 인식할 때 과거의 기억이 떠오르게 되어 있다

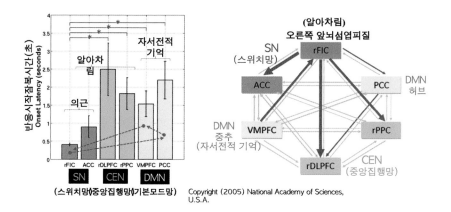

Copyright (2005) National Academy of Sciences, U.S.A.

[인식과정에서 기억의 회상]

스위치망(SN)이 인식대상을 포착하고 중앙관리망(CEN)과 함께 인식과정을 조절한다. 따라서 스위치망과 중앙관리망은 알아차림 기능을 한다(왼쪽그림). 이 과정 중에 나에 대한 자서전적 기억이 회상되어 인식과정에 합류한다. 스위치망인 오른쪽 전두뇌섬엽피질(rFIC)에서 시작한 인지반응이 뒤대상피질(PCC) 허브를 통하여 배쪽안쪽전전두엽(VMPFC)으로 전달되고 여기의 정보는 다시 rFIC로 전달된다. VMPFC는 나에 대한 과거의 기억들, 즉 자서전적 정보들이 저장된 곳이다. 따라서 현재의 인식과정에 과거의 기억들이 회상된다.

현재 어떤 대상에 주목하고 있는 가운데에도 기본모드망이 어느 정도 활동하고 있다는 것은 매우 중요한 의미를 갖는다. 현재상황에 과거의 기억들이 개입하는 상황이기 때문이다. 이를 불교수행적 관점에서 해석하면, 현재 인식작용을 하고 있는 중, 즉 알아차림하고 있는 중에도 나와 관련된 과거의 기억들이 떠오른다는 것이다. 왜 현재상황을 인식하는 동안에 과거의 기억들이 떠오를까?

과거의 기억들을 떠올리는 것은 기본모드망의 기능이다. 기본모드망은 뒤대상피질이 중심이 되어 연결되어 있는데 배쪽뒤대상피질이 '나'에 관련된 여러 가지 자서전적 및 사건기억들과 연결되어 있다. 현재상황을 인식하는 중에도 나에 대한 생각이 떠오른다는 것은 이 배쪽뒤대상피질이 활동하기 때문이다. 이를 억제하는 것은 등쪽뒤대상피질이다. 등쪽뒤대상피질은 중앙관리망과 연결되어 있어 인식활동이 일어나면 등쪽뒤대상피질이 억제된다. 등쪽뒤대상피질은 배쪽뒤대상피질을 억제하여야 하는데 그 정도가 충분하지 못하여 인식활동 중에도 '나'에 대한 생각이 떠오르는 것이다. 따라서 보다 집중하여 알아차림한다는 것은 배쪽뒤대상피질의 활성을 억제하는 것이라 볼 수 있다.

이와같이 뒤대상피질(PCC)은 기본모드망의 연결중추일 뿐 아니라 등쪽뒤대상피질을 통하여 인지활동 신경망(CNN)과 연결되어 있다. 즉 인지활동 신경망과 기본모드망은 서로 연결되어 있어서 인지활동 동안에 과거에 경험했던 기억들이 첨가된다. 다만 기본모드망 기능 가운데 나에 대한 자서전적 망상은 인지활동 동안에는 완전히 억제된다. 등쪽뒤대상피질이 '나에 대한 자서전적 망상(vmPFC 기능)'을 억제하기 때문이다. 하지만 나머지 내가 경험한 과거의 기억들은 인지활동에 첨가된다. 배쪽뒤대상피질은 완전히 억제되지 않기 때문이다.

현재 어떤 대상을 인식하고 있는 상황에서 과거의 기억들이 생각나는 것은 당연하고 생존에 필수적이었을 것이다. 인류역사의 진화를 생각해보면 그런 능력이 있는 사람이 더 유리하여 살아남았다. 우리는 현재 상황을 그것만 분리해서 생각하면 안 된다. 그것을 과거의 경험에 비추어 가치를 설정해야 하기 때문이다. 현재 상황에 대한 가치판단을 하여 거기에 합당한 대응을 하는 것이 필요하기 때문이다. 따라서 현재의 인식대상에 과거에 나와 관련되었던 지식(기억)들을 첨가하는 것이다. 그런 능력이 우리가 생존하는데 도움이 되었다.

하지만 현대사회는 상황이 다르다. 현대는 식량이 모자라거나 무서운 짐승에 노출된 사회가 아니다. 오히려 과잉영양으로 비만이 문제가 되고, 또한 적어도 우리는 호랑이나 사자와 같은 포식자에 노출된 환경에서 살지 않는다. 현재는 정신적 행복을 최우선적으로 추구한다. 현대를 사는 우리는 평온한 마음을 유지하고 싶다. 이런 상황에서 기본 모드망의 기능은 우리에게 그다지 이롭지만은 아니하다. 이는 억제되어야 할 기능이다.

2. 초기불교에서 보는 마음의 구조

붓다는 괴로움의 원인과 극복원리[사성제] 뿐 아니라 괴로움에서 벗어나 깨달음을 얻는 구체적인 수행방법도 가르쳤다. 비구 Buddhapala[111]는 인도의 초기불교를 복원하여 붓다의 근본 가르침을 회복하고자 노력하고 있다. 그는 마음구성인자가 4가지라고 정리한다.[112]

- 대상을 인지하고 반영하는 마음거울[manas, 意, 認知, mind-mirror]
- 마음거울에 맺힌 상[vinnana, 識, 反影, image]
- 마음공간에 저장된 기억이미지[anussati, 記憶, 貯藏, memory]
- 마음과정 전 과정을 알아차림하는 싸띠(sati, 念, 自覺, awake]

Buddhapala는 마음구조를 다음과 같이 설명한다.

마음은 우주처럼 공간을 이룬다. 네 가지 마음구성 기본인
자가 유기적으로 결합하고 마음공간에 데이터를 입력해 저

---

111) Bhikkhu Buddhapala. 현재 김해시 Buddha Dhamma Sangha 반냐라마 SATI School에서 수행하고 있다. 인도불교복원사업을 추진하고 있다.
112) Buddhapala 저. BUDDHA 가르침: 불교에 관한 모든 것, pp.753. SATI SCHOOL 2009.

장, 회상, 결합, 가공, 느낌, 판단 등으로 서로 되먹임하면서 작용하고 반응한다. 이런 마음작용은 막가파라[113)]에 들어 닙바-나를 체험할 정도로 싸띠힘이 향상되면 스스로 자각할 수 있다'고 한다. 그리고 'buddha가 마음을 보다 분명하고 세밀하게 정의하고 설명할 수 있었던 것은 머리로 이해한 것이 아니라 막가파라에 들어 닙바-나를 체험하면서 마음구성인 자, 마음 구조와 기능, 마음화학반응, 마음물리특성, 기억 구조와 기능, 싸띠기능, 마음작용 등을 체험으로 정확히 목격했기 때문이다.

아라한뜨 막가파라(arahant magga phala; 깨우친 자의 열반)[114)]에 들면 뇌에서 일어나는 신경세포앙상블의 활성을 느낄 수 있다는 것이다. 촉감을 느끼듯 뇌활성을 느껴서 어떻게 작동하는지 알 수 있으면 얼마나 좋겠는가. 이러한 경지에 이르지 못한 필자로서는 그 열반의 경지가 부러울 따름이다.

---

113) 막가(magga 道 path) 파라는(phala 果 fruit)로서 道果 "path and fruit"), 즉 불도 (佛道) 수행에 의해 얻는 결과, 깨침 또는 열반을 뜻한다.
114) 아라한뜨 막가파라(arahant magga phala). 아라한뜨는 아라한(阿羅漢, 빨리어: arahant, 영어: perfected one who has attained nirvana)은 줄여서 나한(羅漢)이 라고 한다. 막가(magga 道 path) 파라는(phala 果 fruit)로서 道果 "path and fruit"), 즉 불도(佛道) 수행에 의해 얻는 결과, 깨침 또는 열반을 뜻한다. 따라서 아라 한뜨 막가파라는 깨우친자의 열반이라는 뜻이다.

Buddhapala의 설명을 계속 들어보자.[115]

마음거울에는 상이 맺힌다. 상은 감각기관(육근, 六根)이 인식대상(육경, 六境)을 만나 생기는 識이다. 이 마음거울은 意(manas)의 기능이다. 마음거울에는 많은 상이 동시에 맺힐 수 있다. 마음거울에 맺힌 상 즉 意識은 저장되어 기억이 된다. 이 때 있는 그대로 저장되는 것이 아니라 나의 생각이 덧칠해져 저장된다. 이 덧칠은 마음오염원[116]이 된다.

알아차림(싸띠, sati)은 마음작용 전 과정을 알아차림하는 기능을 한다. 싸띠가 알아차림할 때 맺힌 상만 알아차림하지 않는다. 마음공간에 저장된 기억이미지가 개입하기 때문이다. 기억에 있는 마음오염원이 마음거울에 맺힌 상을 있는 그대로 보지 못하게 한다. 수행으로 이 마음오염원을 제거하여야 한다.

기억이미지와 결합된 마음오염원을 제거하는 도구가 빤냐-다. 빤냐

---

115) Buddhapala 저. BUDDHA 가르침: 불교에 관한 모든 것. pp.755-759. SATI SCHOOL 2009.
116) 빨리어로는 āsava, 영어로는 "taint"이다. 욕망, 이기심, 분노, 적의, 원망, 서운함, 선입관 등이다.

272 의근과 의식

-는 싸띠와 samādhi로 성장한다. 싸띠가 samādhi를 선도하고 싸띠에 힘을 주는 것이 samādhi다. 싸띠가 망치라면 samādhi는 망치에 가하는 힘이다. buddha는 samādhi 힘을 키우기 위해서는 싸띠힘을 키워야 한다고 강조했다.

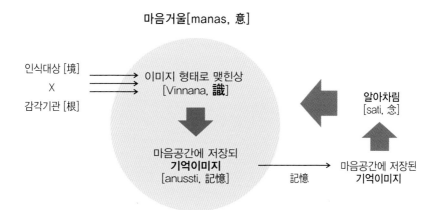

마음거울[manas, 意]

인식대상 [境]
X
감각기관 [根]

이미지 형태로 맺힌상
[Vinnana, 識]

마음공간에 저장되
기억이미지
[anussti, 記憶]

記憶

마음공간에 저장된
기억이미지

알아차림
[sati, 念]

[마음구성인자]

마음을 생성하는 4가지 마음구성 기본인자가 있다. (1) 마음거울은 감각기관이 인식대상을 만나 생기는 상을 담는 거울이다. 이 마음거울은 意(manas)의 기능이다. (2) 마음거울에 맺힌 상이 識이다. 마음거울에는 많은 상이 동시에 맺힐 수 있다. 마음거울에 맺힌 상 즉 意識은 저장되어 기억이 된다. 이 때 있는 그대로 저장되는 것이 아니라 나의 생각이 덧칠해져 저장된다. 이 덧칠은 마음오염원이 된다. (3) 알아차림(싸띠, sati)은 마음작용 전 과정을 알아차림한다. (4) 싸띠가 알아차림할 때 마음공간에 저장된 기억이미지가 개입한다. 이 때 기억에 있는 마음오염원이 마음거울에 맺힌 상을 있는 그대로 보지 못하게 한다. 수행으로 이 마음오염원을 제거하여야 한다.

1) 싸띠(sati)는 알아차림 기능이다

싸띠는 현재에 대해 더 폭넓게 깨어있는 현존(現存, presence)이다. 통상 팔정도의 정념(正念, sammā-sati) 즉 올바른 알아차림을 가리킨다. 싸띠는 매우 빠르게 활동하는 부지런함과 분명하게 알고자 하는 도움을 필요로 한다. 싸띠는 감각의 문에서 건전하지 못한 연상이나 반응이 일어나는 것을 막는다. 건전하지 못한 연상이나 반응은 인식대상에 연관된 기억들의 회상을 의미한다. 싸띠의 역할은 마치 성문을 지키는 수문장이 자격이 없는 자들을 검열하여 출입을 금지하는 것에 비유된다.

싸띠는 주의집중(사마디)과 긴밀하게 관련되어 있다. 주의집중을 시작하는 기능이 싸띠이다. 주의집중하여 인식하고, 식별하고, 개념화하기 이전에 대상을 순수하게 인식하는 최초의 찰나에서 기능하는 것이 싸띠이다. 싸띠는 대상을 순수하게 알아차림한다. 그 과정에 다른 마음이 일어나면 싸띠는 재빨리 알아차림하여 본래의 인식대상으로 돌아온다. 마음이 다른 곳으로 흘러가는 마음의 배회를 차단한다. 싸띠의 이러한 '순수한 주의집중' 즉 '싸띠집중'에 의하여 우리는 사물을 있는 그대로 볼 수 있으며, 습관적인 반응과 투사로 뒤범벅되지 않을 수 있다. [117]

---

117) 아날요 스님 저 Satipaṭṭhāna. 깨달음에 이르는 알아차림 명상 수행. 이필원, 강향숙, 류현정 공역. p.72. 싸띠(sati)의 특징과 기능들. 명상상담연구원. 2004

2) 사마디(samādhi)는 집중기능이다

사마디는 삼매(三昧 집중)이다. 빨리어 samādhi를 한자로 음역한 말이다. 싸띠는 빠른 속도로 자유롭게 옮겨 다닌다. 옮겨 가는 싸띠를 특정 감각대상에 밀착고정하는 것이 사마디(삼매)이다. 사마디의 힘이 충분하면 강한 집중력과 자각력으로 대상의 본질을 사실적으로 꿰뚫어 보는 반야바라밀(若波波羅蜜 통찰, 지혜)을 실천할 수 있다. 이 반야바라밀의 실천을 목표로 나아가는 것이 불교 수행이라 할 수 있다. 반야(般若)는 인도말 빤냐(paññā)의 음역으로서 대상을 사실대로 깊이 꿰뚫어 아는 것, 통찰 혹은 지혜이며 한문으로는 여실지견(如實知見)이다. 바라밀(波羅蜜 pāramitā 혹은 pāramī)은 완벽함(perfection) 혹은 완성함(completeness)을 뜻한다. 따라서 반야바라밀은 대상을 사실대로 깊이 꿰뚫어 아는 것을 완성함이다. 이는 괴로움의 세계에서 벗어나 깨달음의 세계[반야]에 이르는 성취 또는 완성을 뜻한다.

싸띠는 삼매를 얻고, 그 안에 머물고, 그로부터 벗어나는 모두 과정에 관여한다. 또한 싸띠는 인식대상을 자유롭게 옮겨 다닐 수 있어 인식의 폭을 넓힌다. 반면에 사마디는 하나의 대상에 싸띠가 머무르게 밀착시켜 주의집중의 폭을 제한함으로써 하나의 대상에 마음을 '지향하게 하고' 그것에 몰두하게 한다. 싸띠는 광각(wide-angle) 렌즈, 사마디는 줌렌즈로 비유될 수 있다. 광범위한 자극영역 안에서 싸띠가 빠르

게 옮겨 다니며 대상을 훑어나가면(주사, scan) 사마디는 중요한 세부
대상에 싸띠를 고정·밀착시켜 주의집중하게 한다. 많은 경전들이 사마
디는 '있는 그대로 알기' 위하여 반드시 필요하며, 따라서 완전한 깨달
음의 필수조건이라고 한다.

뇌신경망적 관점

싸띠 기능으로 본디의 인식대상에 주의를 고정하고, 사마디 기능으
로 거기에 집중하면 마음이 배회하는 것을 막을 수 있다. 인식대상에
주의집중할수록, 즉 인식조절망(CCN)의 활성을 높일수록 그와 연결
된 등쪽뒤대상피질은 더욱 더 약화된다. 이 탈활성화는 배쪽안쪽전전
두엽(vmPFC)의 활성을 억제하여 나에 대한 자서전적 생각이 떠오르
지 않게 한다. 반면에 배쪽뒤대상피질의 활성은 어느 정도 유지하여 과
거의 지식을 현재의 인식대상에 적용할 수 있다. 이러한 상황은 현재에
더 폭넓게 깨어있는 현존(現存, presence)이며, 정념(正念, sammā-
sati) 즉 올바른 알아차림을 가능하게 한다. 열반으로 가는 길이다.

3) 싸띠수행과 마음오염원 제거

4가지 마음구성 기본인자가 유기적으로 결합하고 작용하여 마음에
너지의 결합과 해체가 일어난다. 마음건강과 마음안정 등 마음작용 전

과정에 영향을 미치는 이러한 마음의 작동을 Buddhapala는 '마음화학 반응'이라 한다. [118] 그의 설명은 뇌신경과학적으로 매우 타당하다. 그의 설명을 들어보고 뇌과학적으로 해석해보자.

> 알아차림 기능인 싸띠힘이 약하면 마음거울에 맺힌 상에 구속되고 강하면 자유롭다. 알아차림 기능인 싸띠가 감각대상에 구속될수록 기억질량이 늘어나고 마음에너지를 소모하고 마음활력이 약해지고 데이터 처리능력이 떨어지고 마음작용이 둔해지고 마음상태가 불안하고 마음공간이 오염된다.

그는 기억이미지는 질량을 가지고 있다고 한다. 마음공간에 입력된 이미지는 자체질량이 있고 그것과 결합된 마음오염원 크기에 따라 기억질량이 결정된다는 것이다. 자체질량은 기억대상에 대한 신경회로를 의미한다. 마음오염원(āsava)은 그것과 결합된 탐욕(貪慾, lobha)과 진심(瞋心, dosa 분노)와 치심(癡心, moha 어리석음)의 삼독[三毒]을 의미한다. 우리는 어떤 인식대상에 연결된 많은 기억을 가지고 있다. 이러한 기존기억들은 대개 욕망, 분노, 편견 등으로 가득 찬 것들이다. 이러한 마음오염원들은 기억질량을 높여 마음을 둔하고 혼탁하고 불안하

---

118) Buddhapala 저. BUDDHA 가르침: 불교에 관한 모든 것. pp.763759. SATI SCHOOL 2009.

게 만든다는 것이다. 알아차림하는 싸띠의 힘이 약하면 이러한 마음오염원들이 불러들여지게 된다. 이 상황을 그는 '마음거울에 맺힌 상에 구속된다'고 한다. 마음이 계속 마음오염원으로 흘러들어가게 된다는 뜻이다. 하지만 싸띠의 힘이 강하면 마음오염원이 접근하는 것을 막고 싸띠는 자유로워질 수 있다.

$$M = IA$$

기억이미지 = 이미지 X 마음오염원
memory　　　image　　Āsava

- 욕망, 이기심(貪心)
- 분노, 적의, 원망, 서운함(貪心)　　　삼독[三毒]
- 편견, 선입관, 가치관(貪心)

　　마음이 산만하고 흐리면 실재를 있는 그대로 보지 못하고 상황을 자의적으로 판단하고 특정의도를 갖고 결과를 예측하여 행동하고 자기가 하고싶은대로 행동하고 자기에게 이익되는 방향으로 행동하고 행동이 끝나면 결과를 평가하고 그 평가에 스스로 구속된다. 그러면 점차 삶이 복잡해지고 힘들어진다.

　　마음이 고요하고 맑으면 실재를 있는 그대로 보고 직면한 상황을 객관적으로 이해하고 그 상황이 종료하면 상황과 결과로부터 자유로워진다. 그러면 삶이 단출해지고 여유로워진다.

싸띠는 벡터(vector)이다

벡터는 방향성을 가진 힘이다. 마음오염원에 대항할 수 있는 힘이라는 뜻이다. 싸띠는 마음오염원을 제거하는 방향으로 작용하는 힘이다. 싸띠의 힘이 약하여 마음오염원이 첨가된 상태로 인식대상을 덧칠해서 보게 되면 실재를 있는 그대로 보지 못하고, 자의적으로 판단하고, 예측하며, 행동하고, 행동이 끝나면 스스로 구속되는 평가를 한다. 하지만 마음오염원이 제거된 상태로 실재를 있는 그대로 보고, 객관적으로 이해하고 행동하면 결과로부터도 자유로워진다.

마음은 청정성을 가지고 있다. 마음거울에 맺힌 상을 인식할 때 뇌에 저장된 기억이미지가 가미하게 되고, 이렇게 인식된 마음공간의 이미지는 다시 기억이미지로 뇌에 저장된다. 저장된 기억이미지가 인식대상과 결합할 때 알아차림 기능인 싸띠힘이 약하면 마음오염원으로 가득 찬 마음공간을 채운다. 마음공간이 욕망, 분노, 편견 등의 부정적인 오염원으로 마음이 물든다. 하지만 싸띠힘이 강하여 마음오염원이 결합하지 못하게 하면 청정한 마음이 된다.

마음공간을 청정하게 하기 위해서는 알아차림 기능인 싸띠힘이 좋아야 한다. 싸띠힘이 강하면 사유작용과 정서작용이 전개되는 앞쪽에서 브레이크 걸리고 마음작용이 더 이상 전개되지 않

고 마음오염원으로 발전하지 않고 마음공간을 비운다. 이것이
심청정(citta visuddhhi, 心淸淨)이다.

기억이미지가 오염원을 흡수해 무거워지면 마음이 무겁고 삶이 힘들다. 반면에 싸띠힘으로 기억이미지가 흡수한 오염원을 해체하면 마음이 가벼워진다. 인식과정은 시간에 따라 진행되는데 대상자체에 대한 기억이 먼저 떠오르고 이어서 연관된 오염원이 떠오른다. 싸띠힘이 좋으면 대상자체에 대한 정서작용에 머물고 더 이상 전개되지 않게 하여 나중에 떠오르는 마음오염원들에 브레이크를 걸어 마음공간을 청정하게 할 수 있다고 한다.

의근은 싸띠에 의지한다

싸띠수행은 마음공간에 존재하는 마음오염원을 제거하고 마음을 맑게 하고 아름답게 가꾸어 삶을 자유와 행복으로 넘쳐나게 하는 좋은 도구이다.

마음이 맑고 건강한 것은 자유로운 삶, 청정한 삶, 행복한 삶, 공존하는 삶의 토대가 된다.

마음오염원들도 신경회로들이기 때문에 이들을 떠올리는 것도 의근

의 기능이다. 의근은 싸띠에 의지한다고 했다. 싸띠가 의근을 관리한다
는 뜻이다. 싸띠가 의근의 활동을 잘 관리하여 마음오염원을 포섭하지
않도록 해야 한다. 인식의 초기단계 즉 현재 인식대상의 알아차림에 집
중하면 연관신경망에 의해서 떠오르는 마음오염원으로 의근이 옮겨가
지 않을 수 있다. 그것이 싸띠의 의근관리기능이다.

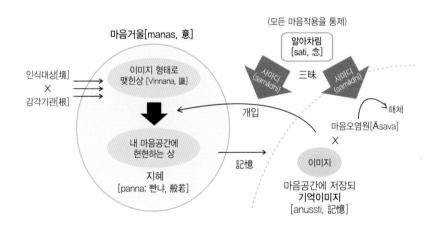

[마음화학반응과 지혜로운 마음]

감각기관이 인식대상을 만나 마음거울에 상을 맺는다. 맺힌 상에 기억이미지가 개입
하여 지금 나의 마음에 현현하는(현재 나타나는) 식(마음)이 된다. 현현하는 마음은
기억되어 마음공간에 기억이미지로 저장된다. 따라서 마음공간에 저장된 기억이미지
는 본디의 이미지에 마음오염원이 덧칠해진 것이며, 이것이 가미되면 우리는 본디의
이미지를 보지 못한다. 싸띠(알아차림) 기능은 마음작용 전체를 통제한다. 싸띠기능
을 강화하고 사마디(집중, 삼매)를 사용하여 탐진치 3독으로 물들여진 마음오염원이
해체된 기억이미지가 개입하면 우리는 인식대상을 지혜롭게 있는 그대로 볼 수 있다.

붓다는 마음의 생성원리를 올바르게 이해하고 그것을 관리하는 마음과학과 싸띠수행을 창안했다. 싸띠수행은 기억이미지와 결합된 마음오염원을 해체하는 효율적인 방법이다. 현재 동서양 과학이나 의학은 마음이나 신경조직을 청소할 수 있는 방법을 제시하지 못한다. 붓다는 2,500여 년 전에 이미 그러한 방법을 간파했다. Buddhapala는 싸띠수행을 제3의학이라고 정의한다.

4) 명상의 효과

명상[현전(現前, presence)]은 기본모드망의 기능을 약화시킨다

사람뇌는 현재를 인식할 때 과거의 기억이 떠오르게 되어 있다. 외부자극에 반응하고 인식하는 과정 중에 기본모드망(DMN)이 활성화되기 때문이다. 인지조절망(NCC, 전두-두정신경망 rFIC)에서 시작한 신호는 뒤대상피질(PCC) 허브를 통하여 배쪽안쪽전전두엽(VMPFC)이 매우 빠른 속도로 활성화되어 다시 인지조절망(rFIC)으로 신호를 보낸다(화살표를 유의하라). 이는 인지되고 있는 대상에 기존의 정보를 첨가하는 'top-down' 신호이다. 배쪽안쪽전전두엽(VMPFC)은 지나온 삶에서 경험한 나에 대한 기억들, 즉 자서전적 마음이 있는 곳이다. 자서전적 마음은 'top-down' 과정으로 인식대상에 '덧칠'을 한다. '덧칠'은 대상을 있는 그대로 보지 못하게 하는 '마음오염원'이다. 이런 과정이 명상수련을 하지 않은 일반인들의 마음이다. '마음오염원'이 첨가되면 '있는 그대로' 인지하지 못하고 마음이 무겁고 삶이 힘들다.

어떻게 자서전적 기억들, 즉 마음오염원이 인식과정에 끼어들지 못하게 할까? 뇌신경망을 능동적으로 억제할 방법은 없다. 억지로 기억나지 않게 하는 방법은 없다는 것이다. 기억하지 않으려고 하면 오히려 기억이 더 강해진다. 없애려고 하는 과정에 그 기억을 자꾸 생각하게 되고 그러면 그 기억은 더 강해진다. 신경회로는 사용하면 할수록 더 강해지기 때문이다. 따라서 어떤 기억을 잊어버리기 위해서는 그 기억을 회상하지 않는 것이다. 마음을 다른 곳에 집중하는 것이 유일한 방법이다.

배쪽안쪽전전두엽(VMPFC)에 있는 마음오염원을 해체하는 한 가지 방법은 명료한 알아차림을 하여 '현재 일어나는 인식대상'에 집중하는 것이다. 인식대상에 주의집중하면 마음오염원의 회상이 줄어든다. 회상하지 않으면 그 신경회로는 약화된다. 마음오염원을 해체하는 신경과학적 방법이다. 현재의 인식대상에 주의집중할수록 인식 중인 대상은 더 뚜렷이 분석되고 그것은 마음공간에 기억으로 저장된다. 싸띠(sati)가 '기억기능'이라는 의미가 있는데, 이는 이런 기억과정에 관여함을 의미한다. 명료하게 알아차림하면 청정한 기억이 잘 된다는 것이다. 마음오염원이 제거된 청정한 기억은 다음의 인식에서 청정한 마음을 만든다. '있는 그대로' 알아차림하는 반야의 길로 가는 것이다.

'일어나는 현재 - 현전(現前 presence)'를 명료하게 인식하는 훈련을 하면 과거의 기억이 망상으로 떠올라 마음이 배회하는 것을 줄일 수 있다. 그런 훈련이 반복되면 사물을 '있는 그대로' 보는 능력이 증가된다. 마음오염원이 배제된 올바른 인식을 할 수 있다는 것이다. 아마도 붓다는 이런 원리를 간파하고 사념처(四念處) 수행을 가르쳤을 것이다. 그것은 온전한 신경과학적 이론에 근거한다. 마음이 배회하지 못하도록 사념처에 묶어두는 훈련이다. 四念處는 마음을 두는 4곳으로 몸(身念處)과 감각(受念處)과 마음(心念處)과 법(法念處)의 장소이다. 사념처수행은 구체적인 방법은 서로 다를 수 있지만, 기본적으로는 몸(주로 호흡)의 변화, 나타나는 감각, 떠오르는 마음, 혹은 법에 마음을 모아 관찰하는 훈련이다. 이러한 곳에 마음을 모으면 마음이 배회하지 않는다. 마음오염원 신경회로의 활성이 일어나지 않게 하여 그 회로들을 약화시킨다. 마음오염원을 해체하는 방법이다.

명상은 인지능력을 강화시킨다

조용하다가 갑자기 소리가 들리든가 물체가 나타나면 우리의 주의는 곧바로 그곳으로 향한다. '돌출사건'의 감지이다. 하나의 대상을 인지할 때도 마찬가지다. 예로서 얼굴을 볼 때 얼굴에서 '돌출사건'에 우리의 관심은 먼저 간다. 뺨에 비하여 눈이나 코는 많은 정보를 가지고 있는 '돌출된 부위', 즉 돌출사건이다. 매일 출근하는 길에 새로운 조각상이 생기면 그것 또한 '돌출된 물체'이다. 돌출된 것은 주변과 다른 것이고 이러한 것에는 뭔가 새로운 정보가 있다. 새로운 정보는 우리의 삶에 중요한 영향을 미친다. 생명체는 이러한 돌출된 대상에 주의가 가도록 진화되었다. 그것이 살아남는데 유리하기 때문이다.

인지능력은 향상되는 것이 생존에 유리하다. 인지는 전전두엽의 기능이다. 전전두엽에는 처리된 최종단계의 정보가 들어온다. 그것을 탐지하는 것이 의근의 기능이다. 전전두엽까지 올라오지 못하는 뇌활성도 많다. 대부분이 그런 약한 뇌활성들일 것이다. 그들은 무의식에 남는다. 무의식에 남는다고 해서 중요하지 않은 것은 아니다. 무의식적 뇌활성도 뇌에 흔적을 남겨 마음의 밑그림을 그린다. 우리가 어떤 성향의 인격을 갖는지는 무의식적인 뇌가 결정한다.

전전두엽으로 올라오는 뇌활성(법경)은 스위치망에 탐지된다. 스위치망은 의근이다. 의근은 빠른 속도로 들어오는 신호들을 탐지하여 의식을 만들고, 통합하고 판단하여 어떤 대응을 할 지 명령을 내린다. 따라서 재빠른 탐지는 올바른 판단에 도움을 준다. 예로서 화가 치밀어 오르는데 0.25초가 걸린다고 한다. 그 짧은 시간에 '화' 신호가 탐지된다. 탐지하는데 걸리는 시간이 워낙 짧기 때문에 거기에도 차이가 있을까 싶지만 신경회로활성 시간의 수준으로 보면 짧은 차이가 큰 변화를 초래할 수 있다. 우리는 치밀어 오르는 화를 재빨리 탐지하여 보다 나은 결과를 초래하는 방향으로 신경신호를 유도할 수 있다. 조금만 늦으면 화는 폭발한다. 그 짧은 시간에 일어나는 뇌활성들은 물론 무의식적 과정이다. 하지만 그 과정이 명상훈련에 의하여 강화된다.

돌출신호 탐지의 중심에 아마도 VEN 신경세포가 있는 것으로 보인다. 거인같이 커다란 VEN 신경세포가 긴 팔과 다리를 뻗고 있다가 지나가는 신호들을 포착하여 필요한 다른 뇌부위로 보낸다. 짧은 시간에 신호의 의미를 알아내고 판단하고 명령을 내리는 과정이다. 명상훈련에서 인지기능의 강화는 아마도 VEN 신경세포를 훈련시키는 것으로 보인다. VEN 신경세포가 부실하면 치매, 주의력결핍 과잉행동증후군(ADHD, Attention Deficit Hyperactivity Disorder), 사회성 인지이상 등이 생긴다. 모두 판단능력의 저하에서 오는 증상이다.

여러 가지 명상훈련은 뇌를 변화시킨다

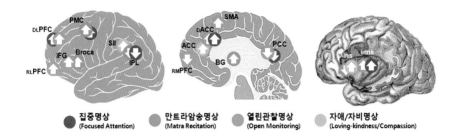

집중명상 (Focused Attention)　만트라암송명상 (Matra Recitation)　열린관찰명상 (Open Monitoring)　자애/자비명상 (Loving-kindness/Compassion)

[명상에 의한 활성화 및 탈활성화 뇌부위]

명상에 의하여 변화되는 뇌부위에 대한 논문들을 종합분석한 메타분석을 통한 4가지 명상이 뇌에 미치는 영향을 표시하였다. 원은 활성화 부위를, 아래화살표 원은 탈활성화 부위를 나타낸다.[119]

ACC, anterior cingulate cortex (앞대상피질); aIns, anterior insula (앞쪽뇌섬엽); BG, basal ganglia (기저핵); Broca, Broca's area (브로카 언어영역); dACC: dorsal anterior cingulate cortex (등쪽앞쪽대상피질); DLPFC, dorsolateral prefrontal cortex (등쪽가쪽전전두엽); IFG, inferior frontal gyrus (아래전두이랑); IPL, inferior parietal lobule (아래두정엽); mIns, mid-insula (가운데뇌섬엽); PCC, posterior cingulate cortex (뒤대상피질); PMC, premotor cortex (전운동피질); RLPFC, rostrolateral prefrontal cortex (부리바깥쪽전전두엽); RMPFC, rostromedial prefrontal cortex (부리안쪽전전두엽); SII, secondary somatosensory cortex (이차 몸감각피질); SMA, supplementary motor area (보조운동영역).

---

119) Fox KC, Dixon ML, Nijeboer S, Girn M, Floman JL, Lifshitz M, Ellamil M, Sedlmeier P, Christoff K. (2016) Functional neuroanatomy of meditation: A review and meta-analysis of 78 functional neuroimaging investigations. Neurosci Biobehav Rev. 65:208-28. doi: 10.1016/j.neubiorev.2016.03.021.

현재 명상훈련은 초기불교의 사념처수행을 기반으로 한 것이다. 명상의 효과에 대한 연구는 매우 많이 진행되고 있는데, 명상훈련은 뇌의 구조와 행동 및 마음에 긍정적 영향을 미치는 것은 과학적으로 잘 입증되고 있다. 아래에 몇 가지 명상의 효과에 대해 설명한다.

집중명상(focused attention meditation)은 인지조절(cognitive control)과 자아성찰(self-reflection)을 발달시킨다. 전운동영역(pre-motor cortex)에서 시작하여 뒤쪽 등쪽가쪽전전두엽(posterior dor-solateral prefrontal cortex) 및 등쪽 앞대상피질(dorsal anterior cingulate cortex)까지 이르는 부분이 발달된다. 등쪽가쪽전전두엽은 관찰이나, 수의적 주의 및 행동(voluntary regulation of attention and behavior)이 요구되는 과제에 대한 인지조절기능을 한다.

반면에 집중명상은 기본모드망의 활성을 줄였다(탈활성화). 뒤대상피질(PCC)과 뒤쪽아래두정소엽(pIPL)은 마음의 배회, 특히 지나간 사건의 회상과 미래에 대한 가상 전개에 중요한 역할을 한다. 이는 이롭지 못한 기본모드망의 마음이다.

만트라암송명상(mantra recitation meditation)으로 가장 도드라지게 발달하는 곳은 운동조절신경망으로서 브로카영역(Broca's area), 전운동 및 보조운동피질(pre-motor and supplementary motor cortices), 그리고 기저핵(basal ganglia) 안에 있는 창백핵(putamen)이다. 반복해서 암송을 하기 때문에 운동영역의 뇌신경망이 발달한다.

열린관찰명상(open monitoring meditation)은 생각과 행동의 수의적 조절에 관여하는 부위들을 발달시킨다. 아래전두이랑(inferior frontal gyrus), 뒤쪽 등쪽가쪽전전두엽/전운동피질(posterior dorsolateral prefrontal cortex/pre-motor cortex), 및 등쪽앞대상피질/전보조운동영역(dACC/pre-supplementary motor area), 뇌섬엽(insula) 등이다. 반면에 기본모드망인 뒤대상피질(PCC)과 부리안쪽전전두엽(RMPFC)은 탈활성화시킨다.

자애/자비명상은 연민(empathy)과 사회성 행동을 발달시킨다. 관련된 부위로는 오른쪽몸감각피질에서부터 시작하여 아래두정소엽에 이르는 부분이다.

에필로그

가없는 고요와 평정한 마음을 갈망하며

나이가 들수록 남을 이해하는 마음이 커진다. 돌이켜보며 '그때는 왜 그렇게 심하게 다투었을까'라고 생각한다. 치달으며 쟁취하려고만 하던 마음이 물 흐르듯 나아가게 놓아두는 쪽으로 돌아선다. 마음이 바뀌는 것이다. 대개 사십대 중반이 되면 겪는 변화이다. 조금 덜 얻더라도 마음이 편한 것이 더 낫다. 고요하고 평정한 마음이 최고의 선이다.

그래도 화는 피할 수 없다. 여러 가지 요인으로 화가 날 수 있다. 이유야 무엇이든 화는 나의 마음이 만드는 것이다. 화를 내면 나만 손해다. 화는 무조건 피하는 것이 좋다. 어떻게 화를 안 낼 수 있을까? 심한 경우의 예를 들어보자. 상대방이 나에게 '얼토당토 아니하게' 화를 내는 경우는 어떻게 대처할까? 생뚱맞게 들릴지 모르지만 그럴 때 나는 그 사람의 뇌신경회로를 살펴본다. 그 사람의 살아온 이력이 '얼토당토 아니하게' 화를 내게 만들었기 때문이다. 어쩌다가 그런 신경회로를 만드는 생활을 살아왔을까 라고 추론해 본다. 그러면 맞받아서 내가 화를 내지 않는다. 오히려 연민의 정이 생긴다.

'마음'이 일어나는 과정을 이해하면 '사람'을 이해할 수 있다. 마음은 뇌에서 일어나는 뇌과학의 영역이다. 마음의 뇌과학을 잘 이해하면 마음을 좀 더 잘 다스릴 수 있다. 이 책을 쓰게 된 동기이고 그 해답을 붓다에게서 구했다.

○ 붓다의 통찰

불교를 언급하는 것은 매우 조심스럽다. 허접한 지식으로 자칫 불교도의 마음을 상하게 할 수 있기 때문이다. 그래도 특정한 부분은 언급하고 싶다. 너무 좋은 측면이라 좀 틀려도 상관없기 때문이다.

불교는 존재와 마음을 연구한 학문이다. '나는 무엇이고 괴로움은 어디에서 오는가? 이를 극복할 방법은 무엇인가?'라는 고타마 싯다르타의 고뇌에서 시작된 이에 대한 연구는 깊고도 깊게 파헤쳐진다. 중요한 건 '나'다. '나'가 괴로움에서 벗어나 평온해야 한다. 붓다는 '나'는 色·受·想·行·識의 다섯 가지 무더기(오온)로 되어 있다고 한다. 사실은 나의 몸뚱이(色)에 생기는 識이 '나'의 전부다. 受·想·行은 識을 만들기 위해 존재하기 때문이다. 태어난 몸을 내가 어찌 할 수 없기에 종국에는 마음이 전부다. 또한 저 바깥 세상에 있는 萬法은 나의 五蘊을 만드는 객체일 따름이다.

마음이 어떻게 만들어지는지를 알아야 한다. 고타마는 마음이 만들어지는 과정을 과학적으로 이해했다. 감각에 의하여 마음이 생기는데 오감에 더하여 마음도 감각이라고 생각했다. 고타마는 마음을 감지하는 감각기관은 의근이라고 간파한다. 정말 놀라운 통찰이다. 의근은 대뇌 전전두엽에 있는 인지조절신경망(cognitive control network CCN)으로 뇌신경활싱 탐시망이다. 뇌신경활성은 곧 법경이다.

법경과 의근의 설정은 마음을 이해하고 가공하는데 결정적 역할을 한다. 마음공학이 탄생하기 때문이다. 안근을 잘 활용하면 명확한 상을 볼 수 있듯, 이근을 잘 활용하면 소리를 더 잘 들을 수 있듯, 의근을 잘 관리하면 마음을 다스릴 수 있다. 여섯 번째 감각기관이 있음을 간파한 것은 고타마를 붓다로 만들었다고 해도 과언이 아니다. 마음이 만들어지는 인연의 상관관계를 깨닫고 깨달은 자 붓다가 되었다는 뜻이다. 머리로만 이해한 것이 아니라 몸소 실천하여 마음감각을 느끼고 마음을 다스려 괴로움에서 벗어났다. 너무나 기뻐 깨달음의 노래를 불렀다. 그리고는 다른 사람들도 그 기쁨의 경지와 거기에 다다르는 방법을 가르쳐 주었다. 불교의 시작이다.

○ 마음의 창발

마음은 어디에서 오는가? 뇌는 물질인데 어떻게 물질에서 정신이 나오는가? 붓다는 마음은 감각될 수 있다고 했다. 그 감각기관이 의근이라고 했다. 감각된다면 그것은 물질이다. 다른 다섯 가지 감각이 색성향미촉의 물질 감각이듯이 마음도 물질이라는 뜻이다. 그렇다. 마음은 물질이다. 마음은 뇌신경회로(정보구조)의 활성이 몸으로 퍼져 나간 것(정보의미)이다. 붓다가 어떻게 이것까지 통찰했을까? 그저 감탄할 따름이다.

2000년 노벨 생리의학상을 수상한 에릭 칸델(Eric Kandel) 교수는 콜롬비아대학에 있는 뉴욕주립 정신과학연구소 100주년 기념행사(1997년)에서 [마음과 몸의 관계에 대한 5원칙(Five principles about the relationship of mind to brain)][120] 을 발표했다. 그 첫 번째 원칙에서 '모든 정신적 현상, 심지어 가장 복잡한 심리적 과정도 뇌의 작용에서 유래한다'고 했다. 이 관점의 핵심 교의(敎義, tenet)는 우리가 흔히 마음이라고 부르는 것은 뇌가 행하는 일련의 기능이라는 것이다. 그렇다. 모든 마음은 물질인 뇌의 기능이다. 마음은 뇌이고 뇌가 마음이다(Mind is brain is mind). 마음은 뇌에서 창발된다. 이제 뇌를 관찰

---

120) Kandel, Eric R (1998). Five principles about the relationship of mind to brain - A New Intellectual Framework for Psychiatry. American J Psychiatry 155: 457-469.

하는 기계장비의 발달로 흐릿하게나마 뇌기능이 보이기 시작했다. 아직 안개 속 저 너머에 있기는 하지만 붓다의 마음을 뇌의 문틈으로 엿본다. 향후 뇌과학의 발달로 문을 활짝 열어 살펴보아야 할 붓다의 마음이 저만치 있다.

○ '괴로움의 고타마 싯다르타'와 '깨달음의 붓다'

고타마는 마음이 어떻게 창발하는지 간파했다. 괴로움은 무엇이며 그 원인은 어디에서 오는가라는 물음에서 시작된 마음의 생성과정에 대한 이해는 고타마에게도 쉽지 않았다. 그 과정은 처절했다. 기원전 6세기경 현재의 네팔 남부와 인도의 국경 부근 히말라야 기슭에 카필라성(지금의 네팔 티라우라코트)을 중심으로 살고 있던 샤카족의 작은 나라 왕자로 태어난 고타마 싯다르타[121]는 호화로운 청소년 시절을 보낸다. 하지만 어느 때 동쪽의 성문을 나와 노인[老]을 만나고, 남쪽의 성문을 나와 병자[病]를 만나며, 서쪽 문을 나와 죽은 자[死]를 만나 비애(悲哀)에 잠긴다. 생(生)·노(老)·병(病)·사(死)와 같은 삶의 가장 근원적인 문제들이 그를 괴롭힌다. '인간 고뇌로부터의 해탈'을 구할 수 없을까. 태자는 성의 북쪽 문을 나와 출가수행자를 만나 그의 숭고한 모습에 감동하여 출가를 결심한다. 그의 나이 29세였다.

---

121) Siddhārtha Gautama, 팔리어: Siddhattha Gotama, 한자: 悉達多 喬達摩. "고타마"는 성이며, "싯다르타"는 이름이다.

출가 구도자가 된 고타마는 당시의 여러 훌륭한 수행자들로부터 배우며 깨달음을 얻으려 하지만 실패한다. 당시 수행자들의 가르침에 더 이상 기대할 바가 없다고 판단하고, 네란자라(Neranjara) 강 근처의 숲속에 들어가 자리를 잡는다. 맹렬한 고행 끝에 '깨달음'을 얻어 붓다(Buddha, 佛陀) 즉 '깨달은 자' [覺者]가 된다. 태자 나이 35세 때의 일이다. 깨달음을 얻는 것을 흔히 '성도(成道)' 라고 한다. '깨달음의 완성' 이란 뜻이다. 뒷날 붓다가 깨달음을 얻은 이곳을 붓다가야(Buddhagaya, 현재의 붓다가야)라 이름하였으며, 수행한 나무를 보리수(菩提樹)라고 부르게 된다.

○ 무엇을 깨달았는가

붓다는 깨달음의 내용을 듣는 자의 이해력에 따라 다른 방법으로 설명했다. 따라서 깨달음의 내용이 여러 가지 형태로 전해진다.[122] 그러나 가장 근본적인 것은 연기사상(緣起思想)일 것이다. 이 세상의 모든 존재(法, Dharma)는 반드시 그것이 생겨날 원인[因]과 조건[緣]하에서 생겨난다는 것이다. 역으로 조건이 변하면 존재가 변하고, 조건이 없어지면 존재도 사라진다. 결국 독립된 존재는 없다. '나'라는 존재도 마찬가지다. '나'는 몸[色]과 대상을 만나면 느끼는 느낌[受]과, 만난

---

122) 후지타 코타츠 外 · 권오민 옮김, 〈초기 · 부파불교의 역사〉, p.41

대상에 대한 과거의 지식이 떠오름[想]과 대상 때문에 생겨나는 욕구[行], 그리고 결과적으로 생성되는 마음[識]이 합쳐진 것일 뿐이다. 오온(五蘊)이다. 결국 '나'도 다섯 가지 조건으로 이루어진다고 붓다는 설명한다. 이 다섯 가지 조건은 항상 변한다. 나는 연기하여 존재하기 때문에 불변하는 나는 없다. '불변하는 나'가 있다고 생각하는 것은 어리석은 마음이고 그것은 괴로움을 만든다. 생로병사는 당연한 과정이다. '변하는 나'이기 때문이다.

저 밖의 세상도 변한다. 그 변화는 '나'가 원하는 방향으로만 되지는 않는다. '그렇게 되기를 원하는 것'과 '지금 세상에서 일어나고 있는 것'의 차이가 세상 밖이 나를 괴롭히는 이유이다. '그렇게 되기를 원하는 것'은 나의 욕구(慾求)이다. 욕구를 없애 지금 일어나고 있는 것'을 그냥 '일어나고 있는 그대로' 인식하고 받아들이면 괴로움이 사라진다.

욕구를 생성하는 것은 나의 잘못된 자아(自我)이다. 자아는 세상을 살면서 내가 스스로 만드는 '나임(I-ness)'이다. 갓 태어났을 때는 나의 것이 거의 없었다. 하지만 세상을 살면서 나의 것을 만들고 그것들은 점점 더 풍부해지고 강해진다. '나임' 즉 자아가 성장하고 강해지는 것이다. 그리고 그 '나임'은 세상을 있는 그대로 인식하지 아니하고 나의 관점에서 덧칠하고 왜곡하여 인식한다. '있는 그대로' 인식하지 못하고 '그렇게 되기'를 원한다. 덧칠과 왜곡은 마음오염원(Āsava)들이다. 그들은 대상을 '있는 그대로' 인식하지 못하게 한다.

괴로움을 소멸하기 위해서는 마음오염원들을 제거하여야 한다. 붓다는 사성제인 고집멸도의 도제에서 그 방법을 설하였다. 불교의 수행 가운데 하나인 팔정도(八正道)의 정념(正念 바르게 깨어 있기)이 바로 그것이다. 이는 위빠사나 명상의 핵심개념인 염(念)이다. 念은 초기불교에서 빠알리(pāli)어로 기술된 싸띠(sati)를 번역한 것으로 위빠사나 명상을 싸띠명상 혹은 마음챙김(mindfulness) 명상으로 번역된다. 싸띠명상은 의식경험(떠오르는 마음)을 의근을 활용하여 '알아차림'하는 것이다. 자신의 몸, 느낌, 마음, 법(身受心法; 사념처 四念處)을 관찰하되 있는 그대로 알아차림하고 그 알아차림(싸띠)을 강하게 집중하여(사마디) 마음오염원(집착과 싫어하는 마음, 덧칠과 왜곡)이 접근하지 못하게 하면 '있는 그대로' 볼 수 있는 능력이 커진다. 마음오염원 신경회로를 제거하는 방법이다. 신경회로는 적극적인 방법으로 제거할 수 없다. 유일한 방법은 사용하지 아니하는 것, 즉 수동적인 방법이다. 현재 현현하는 대상을 알아차림하고 거기에 집중하면 마음공간에 저장된 마음오염원에 끌려가지 않고(끄달리지 않고), 그러면 마음오염원 회로가 사라진다(제거된다). 붓다는 이것까지 간파하였다.

○ 3중뇌(triune brain)

괴로운 마음을 만드는 마음오염원은 三毒 貪(탐: 탐욕)·瞋(진: 분노)·痴(치: 어리석음)이다. 삼독은 마음을 오염시킨다. 이 3가지 독을 마음에서 해체하고 제거하여야 한다. 삼독을 다스리는 방법은 三學이다 - 계·정·혜(戒·定·慧). 탐욕은 계율(戒律)로, 분노는 선정(禪定)으로, 어리석음은 지혜(智慧)로 다스려야 한다.

三毒 가운데 제일 다스리기 어려운 것은 瞋(진, 분노)이다. 분노는 0.25초도 안 되는 짧은 시간에 이미 일어나 있기 때문이다. 우리의 뇌 깊숙한 곳에 분노의 뇌가 자리 잡고 있다. 진화의 측면에서 보면 먼 옛날 파충류들이 가지고 있던 뇌, 파충류뇌이다. 파충류뇌는 본능의 뇌이다. 침입자가 나타나면 화를 내어 물리쳐야 살아남을 것이다. 그렇다. 생명의 진화에서 화(분노)는 생존에 필수적인 요소였다. 하지만 현대를 사는 우리에게 있어서는 별로 필요 없게 되었는데 아직 상하게 남아 있다는 것이 문제이다.

화는 순식간에 치밀어 오른다('bottom-up'). 인간이 '아직' 가지고 있는 본능의 속성이기 때문에 어찌할 수 없는 과정이다. 다행히 인간은 치밀어 오르는 화를 '억누를 수 있는(top-down)' 이성의 뇌인 전전두엽(prefrontal cortex, PFC)을 가지고 있다. 선조들의 오랜 경험을 통한 지혜가 만든 '행동요령원칙' 신경회로가 여기에 저장되어 있다. 이를 잘 활용하여야 한다. 하지만 손쓸 겨를 없이 치밀어 오르는 화를 어떻게 할까. 저자의 할머님은 '화가 날 때는 냉수 한 그릇 마셔라' '하나, 둘, 셋,,,,,, 열까지 헤아려라'고 하셨다. 전전두엽의 행동요령원칙이 작동할 시간을 주라는 것이었다. 치밀어 오르는 화를 재빨리 감각할 수 있으면 어떨까? 그래도 화가 폭발할까? 올라오는 화를 알아차림 할 수 있으면 폭발하기 전에 다스릴 수 있을 것이다. 명상과 같은 뇌운동(neu-robics)으로 전전두엽을 포함한 이성의 뇌를 발달시켜야 하는 이유이다. 우리의 뇌는 파충류뇌(화, 본능), 구포유류뇌(감정), 신포유류뇌(학습과 기억, 이성)의 3층으로 된 3중뇌이다.

○ 마음의 해부 - 초기불교의 심의식(心意識)

붓다는 마음이라는 것은 어떤 대상을 인식할 때 생성된다고 보았다. 6경과 6근이 만나 6식(識)이 생긴다. 18계이다. 모든 마음은 18계에 존재한다. 변환장치(變換裝置 transducer)인 前五根은 色(light)·聲(sound, wave)·香(ordorant)·味(taste chemical)·觸(touch)의 물리적 에너지(physical energy)를 100 mV 전기(활동전위 action potential)로 바꾸어 뇌에 투사한다. 투사된 활동전위는 뇌활성을 일으킨다. 감각지(percept)이다. 감각지는 의근에 포섭되어 의식되고 그 결과는 기억으로 저장된다.

우리는 감각지를 삼독으로 물들여 저장한다. 삼독을 가미하여 감각을 인지하기 때문이다. 기억 저장들은 나의 생각이 덧칠해진 오염투성이다. 덧칠은 기본모드신경망(DMN)이 한다. 갓난아기 때에는 덧칠하지는 않는다. 왜냐하면 아기는 DMN이 매우 약하기 때문이다. 하지만 오염투성이로 가득 찬 나의 생각이 만들어지는 데는 그리 오래 걸리지 않는다. 엄마와 나의 구별도 못하는 상태로 태어났지만 '내 것과 내 것이 아닌 것'이 있음을 인식하고, 세상을 살아가면서 '나의 것'을 점점 더 쌓아간다. [123] '나의 것'들은 나의 자서전(autobiography)이 되고 성장하여 강력한 기본모드신경망이 된다. 그것은 세상을 덧칠하는 진한 물감이 된다. 제7식 말라식(末那識 manas)이다. 마나스는 자아의식과 이기심의 근원이 되고, 집착과 같은 근본 번뇌를 일으킨다. 뇌운동(neurobics)으로 마나스를 줄여야 한다. 싸띠수행은 마나스를 줄이는 과정이다.

불멸 후 부파불교의 논사들은 인식에 대하여 매우 깊게 파고들었다. 인식하고 있지 않을 때의 마음을 바왕가(Bhavanga-citta, 存在持續心)로 정의한다. 태어나서 죽을 때까지 생명의 강은 간단없이 흐른다. 내·외부환경에 반응하여 대응할 때도, 조용히 하릴없이 졸릴 때도, 잠들었을 때도, 꿈조차 꾸지 않는 깊은 수면상태에서도 생명의 연속(life continuum)은 지속된다. [124] 바왕가라는 생명의 강이 멈추는 것은 죽음을 의미한다. 소리나 빛과 같은 외부 자극에 반응하지 않을 때 뇌는 나 자신의 내면을 들여다본다. 나는 누구이며 어디에서 와서 어디로 가고 있는가, 마음은 끊임없이 나의 내면을 살핀다. 뇌의 기본모드신경망의 활동이다. [125] 이는 심지어 무의식 상태에서도 작동한다. 무의식 상

123) Fair, DA et al. (2009) Functional Brain Networks Develop from a 'Local to Distributed' Organization. PLoS Computational Biology 5 (5): e1000381.
124) 김경래(2016). 동남아 테라와다의 정체성 확립과 바왕가(bhavaṅga) 개념의 전개 (1) - Nettipakaraṇa 와 Milindapañha 를 중심으로 - 불교학연구' 제48호 (2016.09):257~282.

태의 마음은 바왕가이기 때문에 기본모드신경망은 바왕가의 신경근거이다. 부파불교 학승들이 기본모드신경망이 있었음을 알았을 리 만무하다. 하지만 그러한 개념을 전개한 것은 놀라운 일이다.

○ 인식론 - 17찰나설

외부 자극이 있으면 바왕가는 적극적 인식활동에 자리를 양보한다. 논사들은 강한 감각정보를 인지하는데 17찰나[약 0.2초] 걸린다고 한다. 이 짧은 시간 동안에 뇌는 바왕가를 밀어내고 예비·변환 → 입력·수용 → 검토·결정 → 처리·저장단계를 거쳐 외부자극 대상에 대한 한 점의 인식을 끝낸다. 대상에 집중할 때 우리는 간단없이 계속 인식하는 것으로 생각한다. 하지만 논사들은 17찰나씩 걸리는 한 점의 인식을 반복한다고 한다. 어떻게 이런 생각을 하였을까?

갑자기 들려오는 소리와 같은 기대하지 않은 대상을 인지하는 시작은 두정덮개-뇌섬엽(FIC)에 있는 전두-두정신경망의 기능이다. 뇌활성 신호를 감지하는 기능이기 때문에 이는 곧 意根이라 할 수 있다. 소리를 들려주었을 때 머리 정수리에 나타나는 뇌파를 신호-연관 뇌파전위(Event-Related Potential)라 한다. 소위 '저게 뭐지 반응('what is it'

125) Raichle, M. E. (2010). The Brain's Dark Energy. Scientific American, 302(3), 44-49.

response)이다. [126) 0.2-0.3초가 걸린다. 17찰나인가? 두정덮개-뇌섬엽에는 거대한 신경세포들이 있다. VEN(von Economo neuron) 신경세포들이다. VEN 신경세포가 뇌활성 신호를 감지하는 의근일까?

○ 유식학

초기불교와 달리 먼 훗날 유식학(唯識學) 學僧들은 心·意·識이 각기 다른 마음이라고 이해한다. 사물을 인식하는 것은 識이다. 이는 주로 감각피질의 기능이다. 생각하며 헤아리는 마음은 意다. 이는 기본모드신경망의 기능이다. 두루 일어나는 마음은 心이다. 心은 뇌 전체 신경회로의 기능이다. 唯識學僧들은 이러한 대뇌피질의 다양한 기능을 알았을까? 놀라울 따름이다.

만법유식·일체유심조(萬法唯識·一切唯心造). 마음뿐이라는 것이다. 모든 것은 내가 어떻게 받아들이느냐 하는 마음의 문제다. 그것은 인지심리학(認知心理學, cognitive psychology)이다. 불교의 유식학은 인식과정에 네 단계[4분설(四分說, four aspects of perception)]가 있다고 설명한다. [127) 견분(見分, subjective aspect)이 감각피질에 맺

---

126) Rangel-Gomez M, Meeter M. (2013) Electrophysiological analysis of the role of novelty in the von Restorff effect. Brain Behavior 3(2):159-70.
127) 金領姫(1999) 唯識의 四分說에 관한 研究. 東國大學校 大學院 佛敎學科

힌 상분(相分, objective aspect)을 본다. '견분이 상분을 보고 있음'을 자증분(自體分, self-witnessing aspect)이 본다. 그것을 증자증분 (證自證分, re-witnessing aspect)이 본다.

아직도 意識(consciousness)에 대한 신경과학적 근거(neural correlates of consciousness, NCC)는 가설단계에 머문다. 에델만(Gerald M. Edelman)교수는 의식을 '기억된 현재(remembered present)' 라고 설명했다. '견분이 상분을 보고 있음'은 현재이다. 그것을 자증분 이 인식한다. 자증분이 현재를 기억하는 것이다. 이는 곧 의식이다. 부 파불교 학승들은 현재의 의식이 등무간연(等無間緣)으로 과거로 낙사 (落謝)하면서 意根이 된다고 했다. 에델만의 '기억된 현재'는 현재의 의 식이고 이는 등무간연이다. 의식이 어떻게 생성되는지에 대한 신경근거 는 아직 논란거리이다. 뇌의 작동원리는 이제야 조금씩 밝혀지고 있다. 최근의 연구는 뇌가 적어도 11차원적 정보처리를 한다고 한다.[128] 켜 켜이 쌓인 증자증분일까?

○ 싸띠수행과 마음공학

불교는 수행으로 깨달음을 실천하는 종교이다. 수행은 마음을 닦아

---

128) Reimann MW et al. (2017) Cliques of Neurons Bound into Cavities Provide a Missing Link between Structure and Function. Front Comput Neurosci. 11:48.

괴로움을 없애는 과정이다. 마음을 다스리려면 마음을 알아야 한다. 왜 괴로운 마음이 일어나는지를 분석해야 한다. 외부 세계는 인간이 마음대로 바꾸지 못한다. 이를 바꾸거나 얻으려고 하는 것은 대부분 실패하니 괴로움이 된다. 하지만 외부 세계가 만드는 나의 마음은 내가 주체적으로 만들고 또한 바꿀 수 있다. 붓다는 싸띠수행으로 나의 마음을 관리할 수 있다고 했다. 마음오염원을 제거하여 깨달음에 이르는 방법까지 일러주었다. 뇌신경회로의 생성기전과 소멸기전까지 꿰고 있었다는 말이다. 신경회로의 생성과 소멸은 연접의 연결과 분리이다. 연접이 생성되고 소멸될 수 있는 성질 즉, 연접가소성(synaptic plasticity)을 다루는 인지신경과학(cognitive neuroscience)은 뇌과학의 영역이다.

의식한 것이든 의식하지 못한 것이든 삶의 모든 경험은 뇌에 흔적을 남긴다. 우리는 흘러가는 세월의 강의 한 점 한순간을 살고 있지만 경험한 모든 것은 뇌 속에 흔적을 남긴다. 뇌신경연접의 변화가능성인 연접가소성 현상 때문이다. 뇌신경망에 남은 흔적은 종자[種子·習氣]로 저장되어 저장식(貯藏識)이 된다. 種子 하나하나는 경험으로 물들어 있는 미시입자(synapse)들의 집합(neural assembly)이라 할 수 있고, 이러한 수많은 입자들이 유기적으로 통일되어 결합체를 이룬다. 뇌신경망이다. 작은 뇌신경망은 서로 연결되어 하나의 커다란 연결체(neural connectome)를 만든다. 내 마음의 밑그림이 되는 아뢰야식(阿賴耶識, ālaya-vijñāna)이다. 이 뇌지형도(topographical brain map)는 나의 마음 성향을 결정짓는다. 범부와 깨달은 자의 차이를 만드는 뇌 근거이다.

○ 갈등치유연구소와 '마음과 뇌' 강좌

필자는 경주에 위치한 동국대학교 의과대학에서 사람신경해부학, 사람조직학, 사람발생학을 가르치며 뇌신경세포(특히 흰쥐의 해마신경세포)의 발달과 연접(시냅스 synapse)의 구조, 그리고 이들과 연관된 학습과 기억, 신경성장인자, 퇴행성뇌질환(치매 등) 분야의 연구를 하고 있다. 그러면서 경주캠퍼스[갈등치유연구소]의 [마음과 뇌] 분과 운영위원으로서 불교·인문·행정·생체신호·정신의학 등 다양한 분야의 전공 교수님들과 인연을 맺었다.

[갈등치유연구소]는 행정학을 전공하시는 오영석교수님이 설립하셨다. 우리는 경주지역의 원자력발전소와 사용후 핵연료 처리 문제라는 '뜨거운 감자'로 유발된 사회갈등문제를 공론화하고 갈등치유아카데미를 운영했다. 저자는 뇌과학적 측면에서 갈등을 이해하고 이를 해소하기 위한 방안을 제시하고자 했다. 이러한 융합연구의 경험은 갈등·화의 원인 및 마음과학에 대한 강좌개설의 필요성을 대두시켰다. 불교학을 전공한 이철헌교수님과 공동강좌로 2013년 동국대학교 경주캠퍼스 교양학부인 파라미타칼리지에 [마음과 뇌 Mind&Brain]라는 교양강좌를 시작했다. 불교와 뇌과학의 마음 부분을 합친 융합강좌이다. 이철헌교수님이 불교이론을 강의하시면 필자는 그 내용을 뇌과학에 연

결하여 설명하고자 했다. 아무도 시도하지 않은 힘든 일이지만 불교종립대학인 동국대학교의 책임감과 자부심을 가지고 강의를 준비하는데 최선을 다했다. 물론 불교의 측면에서 보면 매우 기초적인 교리이다. 하지만 五蘊과 六識은 초기불교의 핵심적 가르침임에는 틀림없다. 이러한 초기불교의 '기초적'이고 '단순한' 마음 부분도 뇌과학과 연결시키는 과정은 쉽지 않았다. 세상에 유래가 없는 강좌이기에 불교 및 뇌과학 자료를 찾는데 많은 시간을 보냈다. 하지만 뇌과학 분야 연구논문을 찾아 불교의 마음이론과 연결시키는 과정은 매우 흥미로웠다.

감사드려야 할 분들이 많다. 가장 먼저 감사드려야 할 분은 이철헌교수님이다. [마음과 뇌]를 개설하고 함께 강의하신다. 저자의 불교적 지식은 이철헌교수님의 강의내용에서 시작하였다. 저자에게 붓다의 마음을 소개하신 분이다. 동국대학교 경주캠퍼스 파라미타칼리지의 불교전공 장경화(자목)교수님, 이필원교수님, 심리학전공 정귀연교수님, 그리고 이철헌교수님께서 수차례의 모임을 거쳐 본인의 초기원고를 꼼꼼히 읽으시고 불교 교리적 측면 뿐 아니라 일반 독자의 관점에서 많은 부분을 수정하고 제언해주셨다. 또한 싸띠아라마의 붓다마노(우미숙)님이 교정을 하였다. 이분들의 공덕으로 책의 완성도가 크게 높아졌음을 알리며 매우 감사드린다.

[그림출처]

[안식의 뇌활성] • 35
Christof Koch (2004)[129]
This is a human-readable summary of (and not a substitute for)
the license. Disclaimer.
You are free to:
Share — copy and redistribute the material in any medium or format
Adapt — remix, transform, and build upon the material
for any purpose, even commercially.

[망막 신경절세포의 격발] • 65
Wiesel TN (1959)[130]

[시각피질 단순세포(simple cell)의 격발] • 67
Paul C. Bressloff (2003)[131]

[찰나의 흐름과 의식] • 101
https://en.wikipedia.org/wiki/File:Muybridge_race_horse_animated.gif

[등무간연과 의근] • 104
(위쪽 물수제비)
https://simdasd1231.tistory.com/187

---

129) Christof Koch (2004) "Figure 1.1: Neuronal correlates of consciousness" in The Quest for Consciousness: A Neurobiological Approach, Englewood: Roberts & Company Publishers, p. 16 ISBN: 0974707708.

130) Wiesel TN (1959) Recording inhibition and excitation in the cat's retinal ganglion cells with intracellular electrodes. Nature 183:264-265.

131) Paul C. Bressloff (2003) Pattern formation in visual cortex. Department of Mathematics, University of Utah, 155 S 1400 E, Salt Lake City, Utah 84112. November 6, 2003.

[인지조절계통] • 111
Hearne et al. (2016)[132]

[싸띠 및 사마디의 신경근거(Neural Corrates of Sati and Samādhi)] • 125
Christof Koch (2004)[133]

[원숭이가 사과를 잡는 신호전달과정과 걸리는 시간] • 144
Thorpe et al., 2001[134]

[사건연관전위] • 162
 (왼쪽사진)
http://faculty.newpaltz.edu/giordanagrossi/files/IMG_4503.jpg
(머리그림 EEG)
https://www.arcr.niaaa.nih.gov/arcr371/images/article05-05.png

[스위치뇌 부위] • 168
Devarajan Sridharan et al. (2008)

[돌출자극의 탐색과 전파] • 169
Sridharan et al. (2008)[135]

[방추체신경세포(VEN)] • 172
(왼쪽)
https://en.wikipedia.org/wiki/Spindle_neuron#/media/File:Spindle-cell.png

---

132) CHearne, L., Mattingley, J. & Cocchi, L. Functional brain networks related to individual differences in human intelligence at rest. Sci Rep 6, 32328 (2016).
133) Christof Koch (2004) "Figure 1.1: Neuronal correlates of consciousness" in The Quest for Consciousness: A Neurobiological Approach, Englewood: Roberts & Company Publishers, p. 16 ISBN: 0974707708.
134) Thorpe, Simon J., Fabre-Thorpe, Michele (2001). Seeking Categories in the Brain, Science 291, 260-262.
135) Sridharan D, Levitin DJ, Menon V (2008) A critical role for the right fronto-insular cortex in switching between central-executive and default-mode networks. Proc Natl Acad Sci USA. 105(34):12569-74.

(오른쪽 조직사진)
Allman JM, Tetreault NA, Hakeem AY, Manaye KF, Semendeferi K, Erwin JM, Park S, Goubert V, Hof PR. (2010) The von Economo neurons in frontoinsular and anterior cingulate cortex in great apes and humans. Brain Struct Funct. 2010 Jun;214(5-6):495-517. doi: 10.1007/s00429-010-0254-0.

[전두-뇌섬엽과 앞대상피질] • 175
(왼쪽)
https://en.wikipedia.org/wiki/Insular_cortex#/media/File:Gray731.png
(오른쪽 MRI)
https://en.wikipedia.org/wiki/Anterior_cingulate_cortex#/media/File:MRI_anterior_cingulate.png

[방추체신경세포가 발견되는 위치] • 177
아래 오른쪽 그림은 Yeh FC et al., 2018[136])

[중앙관리망과 기본모드망의 뇌부위와 활성 변화] • 183
Fox MD et al. (2005)[137])

[3가지 기능뇌부위을 보여주는 fMRI 영상] • 185
Sridharan et al. (2008)[138])

[다양한 뇌활성 수준을 보여주는 영상] • 201
Eric Grossi Morato[139])

---

136) Yeh FC et al. (2018). Population-averaged atlas of the macroscale human structural connectome and its network topology. NeuroImage 178:57-68.
137) Fox MD et al., (2005) The human brain is intrinsically organized into dynamic, anticorrelated functional networks. PNAS 102 (27), 9673-9678.
138) Sridharan D, Levitin DJ, Menon V (2008) A critical role for the right fronto-insular cortex in switching between central-executive and default-mode networks. Proc Natl Acad Sci USA. 105(34):12569-74.
139) File:PET-SCAN BrainDeath - Coma.jpg Author: Eric Grossi Morato, Neurosurgeon at BH - Belo Horizonte, Minas Gerais Brazil. (https://commons.wikimedia.org/wiki/File:PET-SCAN_BrainDeath_-_Coma.jpg)

[통증전달 측정] • 202
(왼쪽)
https://commons.wikimedia.org/wiki/File:Nervous_system_diagram.png#/me
dia/File:Nervous_system_diagram_unlabeled.svg
(오른쪽 뇌그림)
https://en.wikipedia.org/wiki/Primary_somatosensory_cortex#/media/File:Ce
rebrum_lobes.svg

[뇌간의 그물형성체와 감마진동] • 217
Parvizi J, Damasio AR (2001)[140]

[의식 생성의 역동핵심구조] • 228
https://commons.wikimedia.org/wiki/Category:Human_brain#/media/File:PS
M_V35_D761_Direction_of_some_of_the_fibers_of_the_cerebrum.jpg

[기본모드신경망] • 257
(위 연결망)
https://wiki2.org/en/Default_mode_network#/media/File:Default_Mode_Net-
work_Connectivity.png
(아래 MRI)
https://wiki2.org/en/Default_mode_network#/media/File:Default_mode_net-
work-WRNMMC.jpg

[뒤대상피질의 하부구조와 활성] • 261

---

140) Parvizi J, Damasio AR (2001) Consciousness and the brainstem. Cognition
     79:135-60.
141) File:Cingulum.jpg. https://commons.wikimedia.org/wiki/File:Cingulum.jpg
     Original paper: Yeh FC et al. (2018). Population-averaged atlas of the
     macroscale human structural connectome and its network topology. NeuroIm-
     age, 178:57-68.

왼쪽 및 가운데: Leech R et al., 2012. 오른쪽: Yeh et al., 2018.[141]
[인식과정에서 기억의 회상] • 267
Sridharan et al. (2008)[142]에서 수정함.

[마음구성인자] • 273
Buddhapala 저. BUDDHA 가르침: 불교에 관한 모든 것[143]에서 수정함.

[마음화학반응과 지혜로운 마음] • 281
Buddhapala 저. BUDDHA 가르침: 불교에 관한 모든 것[144]에서 수정함

[명상에 의한 활성화 및 탈활성화 뇌부위] • 287
(왼쪽, 가운데그림)
https://en.wikipedia.org/wiki/Pituitary_gland#/media/File:Hypophyse.png
(오른쪽 그림)
https://en.wikipedia.org/wiki/Insular_cortex#/media/File:Gray731.png

142) Sridharan D, Levitin DJ, Menon V (2008) A critical role for the right fronto-in-
   sular cortex in switching between central-executive and default-mode net-
   works. Proc Natl Acad Sci USA. 105(34):12569-74.
143) Buddhapala 저. BUDDHA 가르침: 불교에 관한 모든 것, pp.754. SATI SCHOOL,
   2009.
144) Buddhapala 저. BUDDHA 가르침: 불교에 관한 모든 것, pp.754. SATI SCHOOL,
   2009.

의근과 의식

1판 1쇄   2020년 9월 20일
1판 발행 2020년 9월 25일

지은이 동헌 문일수

펴낸이 주지오

펴낸곳 도서출판 무량수
　　　　부산광역시 부산진구 중앙대로 777
　　　　이비스앰배서더 부산시티센터 2층

전　화 051-255-5675

홈페이지 www.무량수.com

출판신고번호 제9-110호

값 22,000원

ISBN 978-89-91341-59-3